用于国家职业技能鉴定

国家职业技能鉴定考试指导手册

茶艺师

（初级）

编审委员会

主　任：刘　康
副主任：陈李翔　原淑炜
委　员：陈　蕾　袁　芳　王　颖　王　鹏　葛恒双　张灵芝
　　　　叶敏速

本书编审人员

（理论知识部分）

主　编：詹梓金
副主编：陈俊彬
编写人员：孙　云　陈俊彬　张木树　黄贤庚　詹梓金

（操作技能部分）

主　编：郑永球
副主编：陈国本　伍锡岳
编写人员：马红彦　伍锡岳　陈国本　邵燕华　郑永球　周　玲
　　　　　卓　敏　胡小苏
审定人员：张　蕾　杨静炫

CHA YI SHI

中国劳动社会保障出版社

图书在版编目(CIP)数据

茶艺师：初级/中国就业培训技术指导中心，劳动和社会保障部职业技能鉴定中心组织编写. —北京：中国劳动社会保障出版社，2008

国家职业技能鉴定考试指导手册

ISBN 978 - 7 - 5045 - 6548 - 8

Ⅰ. 茶…　Ⅱ. ①中…②劳…　Ⅲ. 茶 - 文化 - 职业技能鉴定 - 自学参考资料　Ⅳ. TS971

中国版本图书馆 CIP 数据核字(2008)第 006836 号

中国劳动社会保障出版社出版发行

（北京市惠新东街 1 号　邮政编码：100029）

出 版 人：张梦欣

*

三河市华骏印务包装有限公司印刷装订　新华书店经销

787 毫米×960 毫米　16 开本　11.75 印张　162 千字

2008 年 1 月第 1 版　2020 年 1 月第 21 次印刷

定价：20.00 元

读者服务部电话：（010）64929211/84209101/64921644

营销中心电话：（010）64962347

出版社网址：http://www.class.com.cn

前　言

对劳动者实行职业技能鉴定，推行国家职业资格证书制度，是促进劳动力市场建设和发展的有效措施，关乎广大劳动者的切身利益，关乎企业发展和社会经济进步，对于全面提高劳动者素质和职工队伍的创新能力具有重要作用，也是当前我国经济社会发展，特别是就业、再就业工作的迫切要求。为此，原劳动部在1993年《职业技能鉴定规定》中要求：我国的职业技能鉴定实行统一命题原则，由劳动部组织建立职业技能鉴定国家题库网络。国家题库网络建设工作是我国职业技能鉴定质量保证体系中的关键环节之一，是保证鉴定工作质量、提高鉴定工作水平、加强鉴定工作管理力度的重要技术手段，是我国职业资格证书制度从普及向纵深发展的重要技术基础。劳动和社会保障部在1999年《关于启用职业技能鉴定国家题库的通知》中进一步要求：自国家题库公布后，全国范围内以发放中华人民共和国职业资格证书为最终手段的鉴定考核，其所用试题试卷一律从国家题库中提取。

茶艺师国家题库的建立，对于保证本职业鉴定工作质量起着重要作用。为了使全国职业培训领域和职业技能鉴定领域的专家以及即将参加职业技能鉴定的学员对茶艺师的理论知识和操作技能考核试题库的建库目标、命题技术原理、考核内容结构和具体考核要求有一个全面的了解，劳动和社会保障部职业技能鉴定中心组织参与国家题库开发的命题专家，编写了与国家题库相配套的《国家职业技能鉴定考试指导手册》。该手册由“职业技能鉴定国家题库简介与复习注意事项”“理论知识考试复习指导”和“操作技能考核复习指导”三个部分组成。书中介绍了国家题库的命题依据、试卷结构和题型题量，同时从国家题库中抽取部分理论知识与操作技能试题和试卷样例供考生参考和练习，便于考生能够有针对性地进行考前复习准备。手册与国家职业标准、国家职业资格培训教程、国家题库是相配套的，今后我们会随着国家职业标准、国家职业资格培训教程以及国家题库内容的不断更新，逐步对手册进行补充和完善。

本书在编写过程中，得到福建省、广东省、江西省职业技能鉴定中心和有关专家的大力支持，在此一并表示感谢。

由于时间仓促，缺乏经验，难免有不足之处，恳请各使用单位和个人提出宝贵意见和建议。

《国家职业技能鉴定考试指导手册》

编审委员会

目 录

CONTENTS 国家职业技能鉴定考试指导手册

第一篇 职业技能鉴定国家题库简介与复习注意事项

第二篇　理论知识考试复习指导

第三篇　操作技能考核复习指导

▶ 第八部分　操作技能考核解读

▶ 第九部分　操作技能考核要素

▶ 第十部分　操作技能考核试题

▶ 第十一部分　操作技能考核模拟试卷

第一篇

职业技能鉴定国家题库简介与复习注意事项

ZHIYE JINENG JIANDING GUOJIA TIKU JIANJIE
YU FUXI ZHUYI SHIXIANG

第一部分

职业技能鉴定和国家题库简介

职业技能鉴定

1. 职业技能鉴定是按照国家有关规定，对劳动者专业知识和技能水平进行客观公正、科学规范的评价与认证。

2. 按有关规定，从事技术职业（工种）的从业人员或准备从事技术职业（工种）的人员，都可以申报参加职业技能鉴定。

3. 职业技能鉴定一般分为理论知识考试和操作技能考核。理论知识考试一般采用闭卷笔试方式，操作技能考核多采用现场实际操作方式。技师以上级别还须进行综合评审。

4. 职业技能鉴定理论知识考试和操作技能考核均实行百分制，成绩皆达 60 分及以上者为合格。

5. 职业技能鉴定合格者，可获得国家职业资格证书。

6. 国家职业资格证书是劳动者专业知识和职业技能水平的证明，是进入就业岗位的凭证。

职业技能鉴定国家题库

职业技能鉴定国家题库是由劳动和社会保障部组织开发的用于全国职业技能鉴定的统一试题库。

职业技能鉴定国家题库的权威性

1. 由劳动和社会保障部组织专家开发。

2. 本职业领域全国高水平专家参与命题。

3. 以劳动和社会保障部颁布的《国家职业标准》为依据，参考中国就业培训技术指导中心组织编写的《国家职业资格培训教程》。

建立职业技能鉴定国家题库的意义

1. 有利于规范全国职业技能鉴定行为，保证职业技能鉴定质量。

2. 有利于统一全国职业技能鉴定水平，为从业者择业就业提供公平、客观的能力水平评价。

职业技能鉴定国家题库管理与使用

1. 职业技能鉴定国家题库运行管理网络由国家总库、地方分库和行业分库组成。

国家总库设在劳动和社会保障部职业技能鉴定中心，主要负责制定国家题库运行管理网络的总体规划和运行组织管理，建立《国家职业技能鉴定命题技术标准》，组织开发示范性通用职业（工种）题库资源，并配发到地方分库。

地方分库由各省职业技能鉴定（指导）中心负责运行管理，主要提供通用职业（工种）鉴定试题和试卷。

行业分库由有关行业部门职业技能鉴定指导中心负责运行管理，主要提供行业特有职业（工种）鉴定试题和试卷。

2. 全国各地在组织国家题库已有职业（工种）的鉴定考核时，一律从国家题库中抽取试题。

3. 职业技能鉴定国家题库资源目录可通过劳动和社会保障部职业技能鉴定中心“国家职业资格工作网”（www. osta. org. cn）查询。

4. 考生、考评员、培训机构、鉴定机构等相关使用者一旦发现国家题库试题试卷存在问题，可及时进入上述网址题库反馈修正系统的页面反馈国家题库意见或建议。

职业技能鉴定国家题库的主要内容

1. 国家题库的内容分为两部分，即理论知识题库和操作技能题库。

2. 理论知识题库每个职业含几千道试题，题型包括填空题、选择题、判断题、简答题、计算题、绘图题、论述题等。目前初级、中级、高级一般以选择题和判断题等客观题型为主，技师以上级别含上述多种题型。本职业理论知识题库有关介绍请参阅本书“第二篇　理论知识考试复习指导”中的相关内容。

3. 操作技能题库根据职业特点，由涉及职业活动领域的若干试题组成，考核方式有现场实际操作、模拟操作、笔试、口试等多种形式。本职业操作技能题库有关介绍请参阅本书“第三篇　操作技能考核复习指导”中的相关内容。

职业技能鉴定国家题库的命题基本依据与基本原则

◉ 命题基本依据

1. 依据劳动和社会保障部颁布的《国家职业标准》《国家职业技能鉴定命题技术标准》。

2. 参考中国就业培训技术指导中心组织编写的《国家职业资格培训教程》。

3. 本职业命题依据劳动和社会保障部2002年颁布的《国家职业标准——茶艺师》，参考中国就业培训技术指导中心组织编写的《国家职业资格培训教程——茶艺师》。

◉ 命题基本原则

1. 反映职业活动对从业人员的知识和技能要求。

2. 理论知识命题强调本职业实际工作中必备的知识，不出偏题、怪题。

3. 操作技能命题强调科学性和可行性，试题既能反映本职业主要操作活动内容和要求，具有科学规范性；又能使考核过程简便易行，具有适用可行性。

第二部分

职业技能鉴定考核复习注意事项

勤学苦练　获得真才实干

1. 职业技能鉴定不同于一般考试，它是以职业技能为着眼点的考试；而熟练的职业技能必须通过长期不断的练习和实践才能获得。

2. 职业技能鉴定的根本目的不是考试，而是为了提高劳动者职业技能和素质，因此职业技能鉴定涉及的试题内容紧密围绕职业活动。采用猜题、押题或死记硬背考题的复习方法不如下工夫把时间和精力用在学习和实践上。

3. 职业技能鉴定是一种达标考试，考生无论在工作岗位实践中，还是在职业学校学习，只要认真学习，努力实践，达到《国家职业标准》的相关要求，就可以通过考试。

把握标准　使用相关资料

◉《国家职业标准》

《国家职业标准》是根据职业活动内容，对从业人员工作能力和知识水平的规范性要求，由劳动和社会保障部组织制定并颁布。《国家职业标准》明确了本职业各个等级从业人员应掌握的知识和技能要求，是职业培训和职业技能鉴定的基本依据。

◉《国家职业资格培训教程》

《国家职业资格培训教程》是与《国家职业标准》紧密衔接的职业培训用书，由中国就业培训技术指导中心组织编写。《国家职业资格培训教程》内容体现“以职业活动为导向，以职业能力为核心”的指导思想，突出职业培训特色，是全国职业资格培训与认证考核的推荐教材。

◉《国家职业技能鉴定考试指导手册》

《国家职业技能鉴定考试指导手册》是以《国家职业标准》为依据，参考《国家职业资格培训教程》，与职业技能鉴定国家题库相衔接的考核复习指导资料。《国家职业技能鉴定考试指导手册》详细列出职业技能鉴定考核要点，理论知识部分对这些考核要点进行了简明扼要的讲解，操作技能部分给出了考核要求和评分标准，同时给出模拟试卷，使考生了解职业技能鉴定的考核形式，消除正式考核时的陌生感和紧张情绪，做到心中有数，把复习的精力投入到学习和实践中去。

全面复习　掌握基本要点

1. 考生在考前进行全面复习时，对基本知识要点和操作要领要记忆准确、理解透彻、运用熟练，同时要善于抓住重点。《国家职业技能鉴定考试指导手册》第二篇、第三篇所列理论知识鉴定要素细目表、操作技能考核内容结构表和操作技能鉴定要素细目表，是依据《国家职业标准》对考核内容的细化，是命题的直接依据，也是理论知识考试和操作技能考核的要点。因此对这些内容应全面理解，深入领会。

2. 考生在使用《国家职业技能鉴定考试指导手册》中的试题精选和模拟试卷样例进行练习时，如果发现哪一题解答有问题或操作有困难，应该立即检查并请教，发现问题所在，及时解决本职业领域知识和技能的难点问题。

3. 考前复习要讲究方法，提高效率。从复习的时间阶段来说，第一阶段可以安排全面复习与练习；第二阶段可以安排重点复习和练习，巩固已掌握的知识和操作要领；第三阶段可以安排模拟练习，以进一步理解考核的要求和内容。

劳逸结合　注意身心调整

1. 身体状况、心情、经验以及期待水平等许多因素都会影响考生在考场的表现。

2. 考生复习时要劳逸结合，注意身体和心理状态的调节。

3. 保持良好的心态，力戒焦虑，是取得好成绩的因素之一。考生应根据自己的实力，订立一个切实可行的目标，这是降低考试焦虑水平行之有效的方法。

4. 考核前，按职业技能鉴定机构通知，提前做好相应准备，如参加职业技能鉴定必须携带的证件、用具、模特等，避免由于准备不足而影响考核正常发挥。

第二篇
理论知识考试复习指导

LILUN ZHISHI KAOSHI FUXI ZHIDAO

第三部分

理论知识考试解读

理论知识试卷构成

目前，本职业初级、中级、高级理论知识考试采用标准化试卷，每个级别考试试卷有“选择题”和“判断题”两大类题型。

1. 选择题为“四选一”单选题型，即每道题有四个选项，其中只有一个选项为正确选项，共160题，每题0.5分，共80分。

2. 判断题为正误判断题型，共40题，每题0.5分，共20分。

理论知识考试答题时间和答题要求

◉ 理论知识试卷的答题时间

按《国家职业标准》要求，本职业初级理论知识考试时间为120 min。

◉ 理论知识试卷的答题要求

1. 采用试卷答题时，作答选择题，应按要求在试题前面的括号中填写正确选项的字母；作答判断题，应根据对试题的分析判断，在括号中画“√”或“×”。

2. 采用答题卡答题时，按要求，直接在答题卡上选择相应的答案处涂色即可。

3. 采用计算机考试时，按要求，点击选定的答案即可。

具体答题要求，在考试前，考评人员会做详细说明。

理论知识试卷生成方式

理论知识国家题库采用计算机自动生成试卷，即计算机按照本职业的理论知识鉴定要素细目表的结构特征，使用统一的组卷模型，从题库中随机抽取相应试题，组成试卷。

第四部分

理论知识鉴定要素

理论知识鉴定要素细目表说明

1. 理论知识鉴定要素细目表是依据《国家职业标准》，参考《国家职业资格培训教程》内容细化而成，是国家题库理论知识试题命题和抽题组卷依据。

2. 理论知识鉴定要素细目表中的鉴定点就是理论知识考试的知识要点。

3. 理论知识鉴定要素细目表中，每个鉴定点都有重要程度指标，即鉴定点后标注的“X”“Y”“Z”。其中：

“X”表示“核心要素”，是鉴定点集合中最重要、考试中出现频率也最高的内容；

“Y”表示“一般要素”，是鉴定点集合中一般重要的内容；

“Z”表示“辅助要素”，是鉴定点集合中重要程度较低的内容。

4. 理论知识鉴定要素细目表中，每个鉴定内容都有鉴定比重指标，它表示在一份考试试卷中该鉴定内容所占的分数比例。例如，某一鉴定内容的鉴定比重为5，就表示在组成100分为满分的试卷中，该鉴定内容所占分值为5分。

理论知识鉴定要素细目表

初级茶艺师理论知识鉴定要素细目表

鉴定范围						鉴定点		
一级		二级		三级		序号	名称	重要程度
名称	鉴定比重（%）	名称	鉴定比重（%）	名称	鉴定比重（%）			
基本要求	50	职业道德	5	职业道德基本知识	3	1	职业道德的概念	X
						2	职业道德品质的含义	X
						3	遵守职业道德的作用	X
						4	茶艺师职业道德的基本准则	X
						5	开展道德评价的具体体现	Y
						6	培养职业道德的途径	X
				职业守则	2	1	文明用语礼貌待客	X
						2	尽心尽职的具体体现	X
						3	真诚守信是做人的基本准则的内涵	X
						4	钻研业务、精益求精的具体要求	X
		基础知识	45	茶文化基本知识	8	1	最早记载茶叶药用的书籍	X
						2	擂茶在宋代的名称	Z
						3	宋代豆子茶的成分	Z
						4	明代主要饮用茶类的名称	X
						5	六大茶类齐全的朝代	X
						6	世界上第一部茶书的书名	X
						7	世界上第一部茶书的作者	X
						8	唐代饮茶风盛的原因	X
						9	唐代煎茶法用茶制作的工序	Y
						10	唐代茶叶的种类	X
						11	宋代北苑贡茶的产地	X
						12	宋代斗茶的主要内容	X
						13	《大观茶论》的作者	X

续表

鉴定范围						鉴定点		
一级		二级		三级				
名称	鉴定比重（%）	名称	鉴定比重（%）	名称	鉴定比重（%）	序号	名称	重要程度
基本要求	50	基础知识	45	茶文化基本知识	8	14	宋代饮茶的主要方法	X
						15	瀹饮法起始的朝代	X
						16	广义茶文化的含义	X
						17	狭义茶文化的含义	X
						18	茶文化的核心内涵	X
						19	时兴乌龙茶艺的地点	X
						20	茶艺的主要内容	Y
						21	茶艺的三种形态	Y
						22	茶道的基础	X
						23	茶文化的三个主要社会功能	X
				茶叶知识	8	1	小乔木型茶树的基本特征	Y
						2	灌木型茶树的基本特征	Y
						3	茶树生长对纬度的要求	X
						4	茶树扦插育苗繁殖后代的意义	X
						5	茶树生长对气温的要求	X
						6	茶树生长对土壤酸碱度（pH 值）的要求	X
						7	绿茶的概念	Y
						8	红茶的概念	Y
						9	乌龙茶的概念	X
						10	制作乌龙茶对鲜叶原料的要求	X
						11	基本茶类	X
						12	红茶、绿茶、乌龙茶三种茶类的香气特点	X
						13	红、绿、黄、白毛茶审评杯碗的规格要求	X

续表

鉴定范围						鉴定点		
一级		二级		三级		序号	名称	重要程度
名称	鉴定比重（%）	名称	鉴定比重（%）	名称	鉴定比重（%）			
基本要求	50	基础知识	45	茶叶知识	8	14	红茶呈味成分构成的特点	X
						15	审评茶叶对品质因子的基本要求	X
						16	乌龙茶审评杯碗的规格要求	X
						17	防止茶叶陈化变质的注意事项	X
						18	从植物学特征鉴别真假茶的原则	Z
						19	影响茶叶品质的因素	X
						20	水分引起茶叶变质的原因	X
						21	光线引起茶叶变质的原理	X
						22	温度引起茶叶变质的原理	X
						23	氧气引起茶叶变质的原理	X
				茶具知识	6	1	原始社会茶具的特点	Z
						2	“茶具”一词最早出现的时期	Y
						3	宋代的五大名窑的名称	Y
						4	元代茶具的特色	X
						5	明代茶具的代表	X
						6	盖碗的组成	X
						7	紫砂壶的优点	X
						8	瓷器茶具按色泽不同的分类	X
						9	景德镇瓷器的特点	X
						10	青瓷茶具的特点	X
						11	广彩茶具的特色	Z
						12	玻璃茶具的特点	X
						13	金属茶具的特点	X
						14	历史上第一位紫砂壶艺家	X
						15	紫砂壶艺家的代表	X
						16	茶荷的作用	X
						17	茶海的作用	X
						18	不锈钢茶具的特点	Y

续表

鉴定范围						鉴定点		
一级		二级		三级		序号	名称	重要程度
名称	鉴定比重（%）	名称	鉴定比重（%）	名称	鉴定比重（%）			
基本要求	50	基础知识	45	品茗用水知识	6	1	硬水的概念	X
						2	软水的概念	X
						3	水温对茶汤品质的影响	X
						4	冲泡绿茶的水温	X
						5	冲泡红茶的水温	X
						6	冲泡乌龙茶的水温	X
						7	冲泡普洱茶的水温	X
						8	雪水泡茶对品质的影响	Y
						9	适宜泡茶的井水	X
						10	中国的“五大名泉”	Z
						11	井水对茶汤品质的影响	Y
						12	自来水对茶汤品质的影响	X
						13	pH 值的含义	Y
						14	自来水软化的方法	X
						15	泡茶用水的硬度指标	X
						16	泡茶用水对 pH 值的要求	X
						17	泡茶用水的主要水质指标	X
						18	城市茶艺馆泡茶用水的选择	X
				茶艺基本知识	7	1	茶艺的六要素	X
						2	选茶的客观标准	X
						3	《茶经》中择水的标准	X
						4	品茶时对茶具的选择要素	X
						5	冲泡茶的操作程序	X
						6	煮水的概念	X
						7	温壶的目的	X
						8	奉茶的礼节	X

续表

鉴定范围						鉴定点		
一级		二级		三级		序号	名称	重要程度
名称	鉴定比重（%）	名称	鉴定比重（%）	名称	鉴定比重（%）			
基本要求	50	基础知识	45	茶艺基本知识	7	9	品茶与喝茶的主要不同点	X
						10	常用于窨制花茶的香花	Y
						11	造成茶汤滋味不同的主要原因	Y
						12	泡茶三要素	X
						13	舌头各部位味蕾的功能	X
						14	不同香型的主要代表茶	X
						15	冲泡绿茶的用量标准	X
						16	冲泡乌龙茶的用量标准	X
						17	冲泡乌龙茶的水温	X
						18	不同茶叶冲泡的时间要求	X
						19	茶点的五大类	Z
						20	行茶程序的三个阶段	Y
				科学饮茶	4	1	茶叶中化学成分的数量	Y
						2	茶叶中的主要药用成分	X
						3	咖啡碱的药理作用	X
						4	茶多酚的药理作用	X
						5	茶叶中维生素的种类	X
						6	茶多酚的成分组成	X
						7	不同茶叶中维生素含量的差别	X
						8	科学饮茶的基本要求	X
						9	绿色食品茶的概念	X
						10	有机茶的概念	X
						11	“茶醉”的缓解方法	X
						12	神经衰弱者的饮茶要求	Z
						13	饮浓茶的害处	Y

续表

鉴定范围						鉴定点		
一级		二级		三级		序号	名称	重要程度
名称	鉴定比重(%)	名称	鉴定比重(%)	名称	鉴定比重(%)			
基本要求	50	基础知识	45	食品与茶叶营养卫生	3	1	茶叶国家强制性标准的内容	X
						2	与茶叶关系密切的国家标准	X
						3	国家管理的茶叶产品标准	Y
						4	毛茶标准样的含义	X
						5	贸易标准样的定义	X
						6	茶叶行业管理中茶叶产品标准	X
						7	茶叶卫生标准的主要指标	X
						8	茶叶的重金属指标	X
						9	茶叶中有害霉菌的种类	Y
				相关法律、法规	3	1	劳动者的权益	X
						2	用人单位的权益	X
						3	劳资关系的协调与仲裁程序	Y
						4	食品卫生法的含义	X
						5	与茶艺馆业有关的卫生要求	X
						6	对消费者合法权益保护的基本原则	X
						7	发生权益纠纷的处理办法	Y
						8	公共场所卫生管理条例与茶馆业相关条例事项	X
相关知识	50	礼仪与接待	15	礼仪	5	1	茶艺师泡茶时对双手的要求	X
						2	茶艺师泡茶时的举止原则	X
						3	茶艺表演时的站姿要求	X
						4	茶艺师泡茶时的坐姿要求	X
						5	着装旗袍的走姿要求	X
						6	着装长裙的走姿要求	X
						7	着装短裙的走姿要求	X
						8	茶艺服务员的蹲姿要求	Z

续表

鉴定范围						鉴定点		
一级		二级		三级		序号	名称	重要程度
名称	鉴定比重（%）	名称	鉴定比重（%）	名称	鉴定比重（%）			
相关知识	50	礼仪与接待	15	礼仪	5	9	茶艺服务中礼节的具体体现	X
						10	茶艺服务中“三轻”的含义	X
						11	服务礼貌用语的使用原则	X
				接待	10	1	接待准备工作的三个基本要求	X
						2	布置品茶环境的基本原则	X
						3	在日常营业中营造品茶净、洁环境的方法	X
						4	冲泡乌龙茶茶具的准备	X
						5	泡茶时玻璃杯茶具的准备	X
						6	泡茶时瓷壶用具的准备	Z
						7	泡茶时盖碗用具的准备	Y
						8	茶艺师的化妆要求	X
						9	茶艺师的素质要求	X
						10	茶艺师的着装要求	X
						11	茶艺馆的接待程序	X
						12	茶艺馆的迎宾程序	X
						13	递送茶单的原则	Y
						14	茶艺馆工作人员的岗位职责	X
						15	茶艺馆经理的主要职责	X
						16	茶艺馆迎宾员的主要职责	X
						17	茶艺师的主要职责	X
						18	茶艺馆领班的主要职责	X
						19	茶艺馆的经营宗旨	X
						20	茶艺馆经营管理的重点	Y
						21	茶艺馆人员服务技能的基本要求	X

续表

鉴定范围						鉴定点		
一级		二级		三级				
名称	鉴定比重（%）	名称	鉴定比重（%）	名称	鉴定比重（%）	序号	名称	重要程度
相关知识	50	准备与演示	25	茶艺准备	5	1	绿茶根据杀青和干燥方式不同所形成的类别	X
						2	扁炒青的外形特征	X
						3	洞庭碧螺春的外形特征	X
						4	蒙顶甘露的品质特点	X
						5	闽红“三大工夫”茶的分类	Y
						6	安溪铁观音的品质特点	X
						7	台湾包种的品质特点	Y
						8	普洱茶的品质特点	X
						9	干看春绿茶的品质特点	X
						10	干看春红茶的品质特点	X
						11	湿看春绿茶的品质特点	X
						12	湿看夏绿茶的品质特点	X
						13	从滋味判断新陈两种茶	X
						14	识别高山茶与平地茶	X
						15	名泉泡茶的水质特点	Y
						16	江河湖水泡茶的水质特点	X
						17	软水泡茶对钙、镁离子的限量要求	Z
				茶艺演示	20	1	今人泡茶对水质的要求	X
						2	硬水与茶汤品质的关系	Z
						3	泡茶水量的使用原则	X
						4	泡茶对水温的要求	X
						5	泡茶时冲泡器具的选择	X
						6	玻璃杯冲泡绿茶的方法	X
						7	演示冲泡绿茶时取茶的方法	X
						8	绿茶温润泡法	X

续表

鉴定范围						鉴定点		
一级		二级		三级				
名称	鉴定比重（%）	名称	鉴定比重（%）	名称	鉴定比重（%）	序号	名称	重要程度
相关知识	50	准备与演示	25	茶艺演示	20	9	用玻璃杯冲泡绿茶的洁具要求	X
						10	玻璃杯冲泡时的奉茶礼节	Y
						11	盖碗冲泡绿茶的方法	X
						12	红茶品饮的主要方式	X
						13	清饮红茶的杯泡法	X
						14	清饮红茶的壶泡法	X
						15	调饮红茶的含义	Z
						16	潮汕工夫茶的冲泡程序	X
						17	冲泡潮汕工夫茶的主要器具	X
						18	潮汕工夫茶的斟茶技巧	X
						19	冲泡潮汕工夫茶时茶承的用途	X
						20	福建工夫茶冲泡的主要器具	X
						21	福建工夫茶冲泡方法	X
						22	福建工夫茶的冲泡程序	X
						23	台湾乌龙茶冲泡主要器具	X
						24	台湾乌龙茶的冲泡程序	X
						25	台湾乌龙茶冲泡时温壶烫盏的方法	X
						26	台湾乌龙茶冲泡时洗杯的方法	Y
						27	台湾乌龙茶冲泡时滤茶的方法	X
						28	台湾乌龙茶冲泡时斟茶的方法	X
						29	白茶冲泡的器具	X
						30	白茶冲泡的方法	Y
						31	黄茶冲泡的器具	X
						32	黄茶冲泡的特点	Y
						33	冲泡黑茶的器具	X
						34	冲泡黑茶的洗茶要求	Y

续表

鉴定范围						鉴定点		
一级		二级		三级		序号	名称	重要程度
名称	鉴定比重（%）	名称	鉴定比重（%）	名称	鉴定比重（%）			
相关知识	50	准备与演示	25	茶艺演示	20	35	冲泡花茶的器具	X
						36	冲泡花茶的方法	Y
						37	绿茶的品饮方法	X
						38	清饮红茶的品饮方法	X
						39	调味红茶的品饮方法	X
						40	乌龙茶的品饮方法	X
						41	台湾乌龙茶的品饮方法	X
						42	白茶的品饮方法	X
						43	黄茶君山银针的品饮方法	Y
						44	黑茶的品饮方法	Y
						45	花茶的品饮方法	X
		服务与销售	10	茶事服务	5	1	茶饮推荐的基本原则	X
						2	绿茶的保健功效	X
						3	红茶的保健功效	X
						4	不同年龄人选择茶饮的原则	X
						5	不同慢性疾病者选择茶饮的原则	X
						6	从事不同职业者选择茶饮的原则	X
						7	秋天选饮绿茶	X
						8	冬天选饮红茶	X
						9	冬季严寒选饮青茶	X
						10	夏暑选饮白茶	X
						11	花茶的选饮	X
						12	茶起源的传说	X
						13	斗茶的概念	X

续表

鉴定范围						鉴定点		
一级		二级		三级		序号	名称	重要程度
名称	鉴定比重（%）	名称	鉴定比重（%）	名称	鉴定比重（%）			
相关知识	50	服务与销售	10	销售技巧	3	1	接近顾客适时推销的最佳时机	X
						2	茶艺师与顾客行握手礼的注意事项	X
						3	茶艺师作自我介绍的原则	X
						4	推销业务交往中正确递交名片的要求	X
						5	茶艺师导购时有效争取顾客的要点	X
						6	茶艺师导购中有效的推介技巧	X
						7	茶艺服务中“拒绝”的礼仪技巧	Y
				销售服务	2	1	茶叶销售包装的注意事项	Y
						2	结账礼仪	X
						3	茶叶储存条件	X
						4	茶叶储存方法	X
						5	茶壶的养护方法	X

第五部分

理论知识考试复习要点

初级茶艺师基本要求复习要点

一、职业道德基本知识

1. 职业道德的概念

职业道德是指从事一定职业的人们，在工作和劳动过程中，所遵循的与其职业活动紧密联系的道德原则和规范的总和。

2. 职业道德品质的含义

人们在长期的职业实践中，逐步形成了职业观念、职业良心和职业自豪感等职业道德品质。

3. 遵守职业道德的作用

遵守职业道德有利于提高茶艺人员的道德素质、修养；有利于形成茶艺行业良好的职业道德风尚；有利于促进茶艺事业的发展。

4. 茶艺师职业道德的基本准则

遵守职业道德原则，热爱茶艺工作，不断提高服务质量是茶艺师职业道德的基本准则。

5. 开展道德评价的具体体现

正确开展道德评价既是形成良好风尚的精神力量，促使道德原则和规范转化为道德品质的重要手段，又是进行道德修养的重要途径。道德评价可以说是道德领域里的批评与自我批评。

6. 培养职业道德的途径

积极参加社会实践，做到理论联系实际；强化道德意识，提高道德修养；开展道德评价，检点自己的言行；努力做到“慎独”，提高精神境界。

二、职业守则

1. 文明用语礼貌待客

文明用语是茶艺人员在接待宾客时需使用的一种礼貌语言。它是茶艺人员在与品茶的客人交流的重要交际工具，同时是具有体现礼貌和提供服务的双重特性。

文明用语是通过外在形式表现出来的，如：说话的语气、表情、声调等。因此茶艺人员在与品茶客人交流时要语气平和、态度和蔼、热情友好。

2. 尽心尽职的具体体现

茶艺人员尽心尽职就是在茶艺服务活动中充分发挥主观能动性，用自己最大的努力尽到自己的职业责任，处处为品茶的客人着想，使他们体验到标准化、程序化、制度化和规范化的茶艺服务。

3. 真诚守信是做人的基本准则的内涵

真诚守信和一丝不苟是做人的基本准则，也是一种社会公德。对茶艺人员来说是一种职业态度，它的基本作用是树立自己的信誉，树立起值得他人信赖的道德形象。

4. 钻研业务、精益求精的具体要求

茶艺人员要为品茶的客人提供优质服务，使茶文化得到进一步发展，就必须有丰富的业务知识和高超的操作技能。因此，自觉钻研业务、精益求精就成了一种必然的要求。

首先，茶艺人员要有正确的动机、良好的愿望和坚强的毅力，而且要有正确的途径和方法；

其次，要以科学的态度认真对待自己的职业实践，这样才能练就过硬的基本功，也就是茶艺的操作技能，更好地适应茶艺工作。

三、茶文化基本知识

1. 最早记载茶叶药用的书籍

茶的应用过程，可以分为三个阶段：药用、食用和饮用。

传说早在四五千年前的神农时代，就有“得茶而解毒”之说。因而最早记载饮茶的是本草一类的“药书”，例如《神农本草》《食论》《本草拾遗》《本草纲目》等。

2. 擂茶在宋代的名称

擂茶是一种将擂茶脚子用沸水冲泡的，也有生料捣烂后再煮烧一下的，有的就成了粥状，故宋代有“茗粥”之称。

3. 宋代“豆子茶”的成分

宋代的“豆子茶”，取适量的茶叶和炒香的黄豆、芝麻、姜、盐放入茶碗中，直接用开水沏泡即成。

4. 明代主要饮用茶类的名称

明代以后，制茶工艺革新，团茶、饼茶被散茶代替，用沸水冲泡散茶的饮茶方式走进了人们的生活。

5. 六大茶类齐全的朝代

清代时，无论是茶叶、茶具还是茶的冲泡方法大多已和现代相似，六大茶类齐全。

6. 世界上第一部茶书的书名

唐代陆羽写的《茶经》。

7. 世界上第一部茶书的作者

世界上第一部茶书《茶经》的作者是陆羽。

8. 唐代饮茶风盛的原因

自唐开元年间起，唐人上至天子，下迄黎民，几乎所有人都不同程度地饮茶，专门采造宫廷用茶的贡焙也是在这一时期设立的。皇室的嗜茶导致王公贵族们争相仿效。当时在诗人、音乐家等中都有嗜茶者。

唐朝之所以能够在全国范围内形成深厚的饮茶风气，还与陆羽等人的大力提倡有极为密切的关系。陆羽写成中国、也是世界上第一部茶书《茶经》，第一次较全面地总结了唐代以前有关茶叶诸方面的经验，大力提倡饮茶，推动了茶叶生产和茶学的发展。

9. 唐代煎茶法用茶制作的工序

唐代煎茶法用的茶是饼茶。饼茶需经炙、碾、罗三道工序，将饼茶加工成细末状颗粒的茶末，再进行煎茶。

10. 唐代茶叶的种类

唐代茶叶有粗茶、散茶、末茶、饼茶四种。

11. 宋代北苑贡茶的产地

宋代制茶工艺有了新的突破，福建建安北苑出产的龙凤茶名冠天下。这种模压成龙形或凤形的专用贡茶又称龙团凤饼。

12. 宋代斗茶的主要内容

宋代斗茶的主要内容是评比调茶技术和茶质优劣。

13.《大观茶论》的作者

宋徽宗赵佶。

14. 宋代饮茶的主要方法

宋代饮茶方法在唐代基础上又迈进了一步。高雅的点茶法比唐代煎茶法更讲究，包括炙茶、碾罗、候汤、熁盏、点茶等一套程序。

15. 瀹饮法起始的朝代

瀹饮法是以沸水直接冲泡茶叶的方法。饮茶风尚发展到明代，发生了具有划时代意义的变革。宋元时期的斗茶之风已衰退，穷工极巧的饼茶被散茶所取代，盛行了几个世纪的唐烹宋点也变革成用沸水冲泡的瀹饮法。

16. 广义茶文化的含义

广义的茶文化是指整个茶叶发展历程中有关的物质和精神财富的总和。

17. 狭义茶文化的含义

狭义的茶文化是指整个茶叶发展历程中有关的精神财富部分。

18. 茶文化的核心内涵

茶道精神是茶文化的核心，是茶文化的灵魂，是指导茶文化活动的最高原则。

茶道是产生于特定时代的综合文化，带有东方农业民族的生活气息和艺术情调，追求清雅，向往和谐；茶道基于儒家的治世机缘，倚于佛家的淡泊节操，洋溢道家的浪漫理想，借品茗倡导清和、俭约、求真、求美的高雅精神。

具体而言，中国茶道精神特点主要表现在四个方面：

一为中和之道。“中和”为中庸之道的主要内涵。儒家认为能“致中和”，则天地万物均能各得其所，达到和谐境界。人的生理与心理、心理与伦理、内在与外在、个体与群体都达到高度和谐统一，是古人追求的理想。

二为自然之性。“自然”一词最早见于《老子》：“人法地，地法天，天法道，道法自然。”自然是生命的体现，尊重自然就是尊重生命。

三为清雅之美。“清”可指物质的环境，也可以指人格的清高。清高之人于清净之境饮的清清茶汤，茶道之意也就呼之欲出了。“雅”可以雅俗并称，可以有“高雅”“文雅”等多种意义。环境要雅、茶具要雅、茶客要雅、饮茶方式要雅，无雅则无茶艺、无茶文化，自然也就达不到茶道的境界。

四为明伦之礼。礼仪作为一种人类形式化了的行为体系，可追溯到原始社会。历代封建统治者以“礼仪以为纪”维系社会专制秩序的基本制度和规则，而“非礼勿视、非礼勿听、非礼勿言、非礼勿动”乃是社会成员之间的交往规则。

19. 时兴乌龙茶茶艺的地点

广东潮汕和福建漳泉。

20. 茶艺的主要内容

茶艺指泡茶与饮茶的技艺，在一定意义上包含以下几个方面的内容：

（1）茶艺的范围仅仅限于泡茶和饮茶的范畴

种茶、卖茶和其他方面的用茶都不包括在此行列之内。因此，茶艺应该属于文化范畴内。

(2) 茶艺包括泡茶和饮茶的技巧

泡茶的技巧，实际上是包括茶叶的识别、茶具的选择、泡茶用水的选择等。而饮茶的技巧则是对茶汤的品尝、鉴赏，对它色、香、形、味、韵的体味。只有掌握了泡茶和饮茶的技巧，才可能真正地、更深入地体会到茶艺。

(3) 茶艺包括泡茶、饮茶的艺术

艺术虽然和技巧有密切的联系，但是艺术高于技巧，技巧是基本的、浅层次的，而艺术进入到一种美学的范畴。艺术应该突出美学追求，茶艺属于实用美学、生活美学、休闲美学的领域。茶艺包括环境的美、水质的美、茶叶的美、器具的美、艺术的美。

21. 茶艺的三种形态

中国茶艺历来表现为三种形态：一是潇洒自如的品茗；二是营业性的茶艺；三是表演性的茶艺。

22. 茶道的基础

茶道是以修行得道为宗旨的饮茶艺术，包括茶艺、礼法、环境、修行四大要素。茶艺是茶道的基础，是茶道的必要条件，茶艺可以独立于茶道而存在。茶道以茶艺为载体，依存于茶艺。茶艺的内涵小于茶道，茶道的内涵包容茶艺。但茶艺的外延大于茶道，其外延介于茶道与茶文化之间。

23. 茶文化的三个主要社会功能

茶文化的社会功能简要归纳为下列三个方面：

第一，以茶雅志，陶冶个人情操。

第二，以茶敬客，协调人际关系。

第三，以茶行道，净化社会风气。

四、茶叶知识

1. 小乔木型茶树的基本特征

树高和分枝介于灌木型茶树与乔木型茶树之间。

2. 灌木型茶树的基本特征

没有明显的主干，分枝较密，多近地面处，树冠短小，通常树高 1.5～3 m。

3. 茶树生长对纬度的要求

茶树性喜温暖、湿润，在南纬 45°与北纬 38°间都可种植。

4. 茶树扦插育苗繁殖后代的意义

茶树扦插育苗方法取材方便，成本低，成活率高，繁殖周期短，能充分保持母株的性状和特性，有利于良种的推广，而且育成的茶苗品种纯一，长势整齐，便于采收及管理。

5. 茶树生长对气温的要求

茶树是亚热带作物，喜温暖、湿润环境，生长过程对气温有一定适应范围，最适宜的生长温度在 18～25℃之间。

6. 茶树生长对土壤酸碱度（pH 值）的要求

茶树适宜生长在土质疏松、土层深厚、排水、透气良好的微酸性土壤中，但以酸碱度（pH 值）在 4.5～5.5 范围为最佳。

7. 绿茶的概念

经过鲜叶→炒青→揉捻→干燥的工艺流程而制成的茶叶，由于不发酵而对鲜叶的颜色改变不大，所以称为绿茶。

8. 红茶的概念

经过鲜叶→萎凋→揉捻→发酵→干燥等工艺流程而制成的茶叶，干茶呈暗红色，称为红茶。

9. 乌龙茶的概念

经过鲜叶→萎凋→做青→炒青→揉捻→包揉→干燥等工艺流程而制成的茶叶，干茶呈现青蛙皮的颜色，称为乌龙茶。

10. 制作乌龙茶对鲜叶原料的要求

乌龙茶采摘标准：需等新梢生长近成熟，叶片开度达八九成时，采下带驻芽的二三片嫩叶。

11. 基本茶类

绿茶类属于不发酵茶，这类茶的茶叶颜色是翠绿色，泡出来的茶汤是绿黄色，因此称为绿茶。例如龙井、雨花茶、碧螺春、黄山毛峰等。

红茶类属于全发酵茶，其品质特征是红汤红叶，所以叫红茶。例如祁门红茶、滇红、宁红等。

乌龙茶属于半发酵茶，这种茶呈深绿色或青褐色，茶汤为蜜黄色或蜜绿色。例如铁观音、闽北水仙、武夷岩茶、冻顶乌龙茶等。

12. 红茶、绿茶、乌龙茶三种茶类的香气特点

绿茶香气一般为板栗香、烘烤香或清香。红茶香气呈甜香型。乌龙茶香气有花果香味，分为清香、花香、果香、甜香等类型。

13. 红、绿、黄、白毛茶审评杯碗的规格要求

杯高 73 mm，外径 75 mm，内径 71 mm，容量 200 ml。杯盖上有一小孔，与杯柄相对的杯口上有一呈锯齿形或月牙形的小缺口，以便带盖把杯中的茶汤倒入评茶碗中，而茶渣仍能留在杯中，缺口中心深 3 mm。审评碗的碗高 58 mm，上口外径 98 mm，内径 94 mm，容量 200 ml。

14. 红茶呈味成分构成的特点

茶叶的滋味是由鲜叶中的呈味物质，经一定的加工工艺适度转化，并经冲泡后溶于茶汤而形成的。鲜叶中的呈味物质主要有多酚类、氨基酸、可溶性糖和咖啡碱等，经不同的制造工艺，可形成各不相同的滋味特征。

红茶由于在制造过程中多酚类物质大量氧化，形成茶黄素、茶红素、茶褐素等氧化产物。其中茶黄素是茶汤刺激性和鲜爽度的决定成分。茶黄素含量高，则茶汤刺激性强。茶红素是茶汤红浓度和醇度的主体物质，当茶黄素和茶红素含量高且比例适当时，茶汤滋味浓而鲜爽且富刺激性，是红茶品质好的表现。

15. 审评茶叶对品质因子的基本要求

茶叶审评通常分为外形审评和内质审评两个项目，其中外形审评包括形状、整碎、色泽和净度四个因子，内质审评包括香气、滋味、汤色、叶底四个因子。茶叶类别不同，评比时，各因子的侧重点也不相同，如名优绿茶，因其外形规格

比较均匀一致，整碎和净度都较好，外形审评只评比形状和色泽，内质审评以香气、滋味为主，兼评汤色和叶底因子。大部分茶类评比都比较注重香气、滋味两个因子，在八大因子中，香气和滋味所占的比例往往较高。

16. 乌龙茶审评杯碗的规格要求

杯呈倒钟形，高 52 mm，上口内径 80 mm，底径 45 mm，容量 100 ml，带盖。审评碗的碗高 50 mm，上口内径 90 mm，容量 110 ml。要求规格一致，所有用具必须专用。

17. 防止茶叶陈化变质的注意事项

若想常有新鲜的好茶喝，使茶叶在储存期间保持固有的颜色、香味、形状，必须让茶叶处于充分干燥的状态下，绝对不能与带有异味的物品接触，并避免暴露与空气接触和受光线照射；要注意茶叶不受挤压、撞击，以保持茶叶的原形、本色和真味。

18. 从植物学特征鉴别真假茶的原则

真假茶可从茶叶的植物学特征加以鉴别。茶叶的植物学特征如下：

（1）茶叶的芽及嫩叶的背面有银白色的茸毛。

（2）叶片边缘锯齿显著，嫩芽的锯齿浅，老叶的锯齿深，锯齿上有腺毛，老叶腺毛脱落后，留有褐色疤痕。近基部锯齿渐稀。

（3）嫩枝茎成圆柱形。

（4）叶面分布成网状脉，主脉直射顶端，侧脉伸展至离叶缘 2/3 处向上弯，连接上一侧脉，主脉与侧脉又分出细脉，构成网状。

凡是符合以上特征的是真茶，否则是假茶。

19. 影响茶叶品质的因素

影响茶叶品质的因素主要有：温度、水分、氧气和光线。

20. 水分引起茶叶变质的原因

茶叶水分含量在 3%左右时，茶叶成分与水分子呈单层分子关系。因此，可以较有效地把脂质与空气中的氧气隔离开来，阻止脂质氧化变质。当茶叶的水分含量超过 5%时，水分就会转变为溶剂作用，引起激烈的化学变化，加速茶叶的变质。

21. 光线引起茶叶变质的原理

光线的照射可加速各种化学变化，对储存的茶叶极为不利。光能促进植物色素或脂类的氧化，特别是叶绿素易受光的照射而褪色，其中紫外线最为显著。

22. 温度引起茶叶变质的原理

温度越高，茶叶品质变化越快。平均每升高 10℃，茶叶色泽褐变速度将增加 3～5 倍。如果将茶叶储存在 0℃以下的地方，较能有效抑制茶叶的陈化和品质的损失。

23. 氧气引起茶叶变质的原理

茶叶中的多酚类化合物的氧化、维生素 C 的氧化以及茶黄素、茶红素的氧化聚合都和氧气有关。这些氧化作用会产生陈味物质，严重破坏茶叶的品质。

五、茶具知识

1. 原始社会茶具的特点

原始社会时，烹饮方法和器皿都很简单，和其他食物共用木制或陶制的碗，一器多用，没有专用的茶具。

2. “茶具”一词最早出现的时期

茶具这一概念，最早出现于西汉王褒《僮约》中“武阳买茶，烹茶尽具”。

3. 宋代五大名窑的名称

宋代五大名窑，即为官、哥、汝、定、钧五大名窑，各生产不同风格的瓷器。官窑在杭州；哥窑在浙江龙泉；汝窑在河南临汝；定窑在河北曲阳；钧窑在河南禹县（古名钧州）。

4. 元代茶具的特色

元代，青花瓷茶具声名鹊起，而白瓷上缀以青色纹饰，既典雅又丰富，和茶文化内涵的清丽恬静很一致，深受饮茶人士的推崇。

5. 明代茶具的代表

明代茶具的代表是“景瓷宜陶”，即景德镇瓷器和宜兴紫砂陶。

6. 盖碗的组成

盖碗一式三件，下有托，中有碗，上置盖，又称“三才碗”。三才者，天、地、人也，蕴含“天盖之，地载之，人育之”的哲理。

7. 紫砂壶的优点

其一，用以泡茶不失原味，“色香味皆蕴”，使“茶叶越发醇郁芳沁”；其二，壶经久用，即使空壶沸水注入，也有茶味；其三，茶叶不易霉馊变质；其四，耐热性能好，冬天沸水注入，无冷炸之虞，又可文火炖烧；其五，砂壶传热缓慢，使用提携不烫手；其六，壶经久用，反而光泽美观；其七，紫砂泥色多变，耐人寻味。

8. 瓷器茶具按色泽不同的分类

瓷器茶具可分为白瓷茶具、青瓷茶具和黑瓷茶具等。

9. 景德镇瓷器的特点

景德镇所产的瓷器素有“白如玉，明如镜，薄如纸，声如磬”的美誉。

10. 青瓷茶具的特点

青瓷茶具质地细腻，造型端庄，釉色青莹，纹样雅丽。青瓷茶具因色泽青翠，用来冲泡绿茶，更有益汤色之美。用于冲泡红茶、白茶、黄茶、黑茶，则易使茶汤失去本来面目，似有不足之处。

11. 广彩茶具的特色

广彩茶具构图花饰严谨，闪烁有光，人物古雅有致，加上施金加彩，宛如千丝万缕的金丝彩线交织于锦缎之上，显示出金碧辉煌、雍容华贵的气派。

12. 玻璃茶具的特点

玻璃茶具质地透明，光泽夺目，外形可塑性大，形态各异，用途广泛。玻璃茶具的缺点是容易破碎，比陶瓷传热快，易烫手。

13. 金属茶具的特点

金属茶具是指由金、银、铜、铁、锡等金属材料制作而成的器具。从宋代起，古人对金属茶具褒贬不一。尤其是用锡、铁、铅等金属制作的茶具，用来泡茶，被认为会使“茶味走样”，以致很少人使用，但用金属制成储茶器具，如锡瓶、锡罐等，却很常见，这主要是因为金属储茶器具有密闭性能，比纸、竹、木、瓷、陶等好，具有防潮、避光性能，更有利于散茶的储藏。

14. 历史上第一位紫砂壶艺家

供春是紫砂壶历史上第一个留下名字的壶艺家。

15. 紫砂壶艺家的代表

时大彬是紫砂壶史上的一代宗师。时大彬、李仲芳、徐友泉师生三人素称“紫砂三大妙手”。还有惠孟臣、陈鸣远、杨彭年、陈鸿寿、邵大亨、顾景洲等。

16. 茶荷的作用

茶荷也称茶则，系从茶叶罐中盛取干茶的器具，并用于欣赏干茶的外形及茶香。

17. 茶海的作用

茶海也称茶盅、公道杯，用于中和茶汤，使之浓淡均匀。

18. 不锈钢茶具的特点

不锈钢茶具能抵抗大气中酸、碱、盐的腐蚀。外表光洁明亮，造型规整有现代感，传热快，不透气，多作为旅游用品，如保温水壶、双层保温杯等。

六、品茗用水知识

1. 硬水的概念

凡含有较多量的钙、镁离子的水称为硬水，主要有泉水、江河之水等；

2. 软水的概念

不含或少含钙、镁离子的水称为软水，如雨水和雪水。

3. 水温对茶汤品质的影响

古人将沸腾过久的水称为“水老”。此时，溶于水中的二氧化碳挥发殆尽，泡茶鲜爽味大为逊色。未沸滚的水，古人称为“水嫩”，也不适于泡茶，因水温低，茶中有效成分不易泡出，使香味低淡，而且茶浮水面，不便饮用。

泡茶水温的高低，因茶而定。

4. 冲泡绿茶的水温

冲泡绿茶一般用80℃左右的水为宜，名优绿茶用75℃左右的水冲泡即可。

5. 冲泡红茶的水温

冲泡红茶一般用90℃左右的水。

6. 冲泡乌龙茶的水温

冲泡乌龙茶必须用95℃以上的水。

7. 冲泡普洱茶的水温

冲泡普洱茶必须用95℃以上的水。

8. 雪水泡茶对品质的影响

雪水和雨水比较纯净，历来被用于煮茶。特别是雪水，更受古人的喜爱。雪水是软水，洁净清灵，用来泡茶，汤色鲜亮，香味俱佳。

9. 适宜泡茶的井水

井水属地下水，是否适宜泡茶，不可一概而论。有些井水，水质甘美，是泡茶好水，如北京故宫博物院的"大庖井"。

10. 中国的五大名泉

镇江中泠泉、无锡惠山泉、苏州观音泉、杭州虎跑泉和济南趵突泉。

11. 井水对茶汤品质的影响

城市里的井水受污染多，多咸味，一般不宜泡茶；而农村井水受污染少，水质甘美，适宜泡茶。

12. 自来水对茶汤品质的影响

有时自来水用氯化物消毒，氯气味很重，用之泡茶，不仅茶香受到影响，汤色也会发浑。

13. pH值的含义

pH值表示溶液酸碱度。

14. 自来水软化的方法

为了消除氯气，可将自来水储存在洁净的容器中，静置一昼夜，待氯气自然挥发，再用来煮沸泡茶，效果大不一样。

15. 泡茶用水的硬度指标

通常泡茶用水的总硬度不超过25°。

16. 泡茶用水对pH值的要求

当pH值大于5时，茶汤色加深；达到7时，茶黄素就容易自动氧化而损失。因此，泡茶用pH值小于5以及非盐碱地区的地表水为好。

17. 泡茶用水的主要水质指标

泡茶用水应以悬浮物含量低、不含肉眼所能见到的悬浮微粒、总硬度不超过25°，pH值小于5以及非盐碱地区的地表水为好。

18. 城市茶艺馆泡茶用水的选择

城市中容易买到的矿泉水、纯净水都是上好的泡茶用水。

七、茶艺基本知识

1. 茶艺的六要素

选茶、择水、备器、雅室、冲泡、品尝。

2. 选茶的客观标准

选茶即选好茶叶，客观标准是：茶叶外形匀整，大小、长短、色泽都要一致，好茶油润有光泽；香气清幽宜人；包装上的标签符合要求，注明生产日期、保质期；包装是否有破损、锈迹或黑点。

3.《茶经》中择水的标准

陆羽《茶经》指出："其水，用山水上，江水中，井水下。其山水，拣乳泉石池漫流者上。"

4. 品茶时对茶具的选择要素

泡茶备器，一要看场合，二要看人数，三看茶叶。茶具是为泡茶服务的，首先讲究实用、便利，其次才追求美观。茶具或典雅、或古朴、或现代，各有韵味，不需追求奢华高贵，更不要红红绿绿，奇形怪状，否则有喧宾夺主之嫌。

5. 冲泡茶叶的操作程序

备器、煮水、备茶、温壶（杯）、置茶、冲泡、奉茶、收具。

6. 煮水的概念

根据茶叶品种，将水烹煮至所需的温度。

7. 温壶的目的

用开水注入茶壶、茶杯（盏）中，以提高壶、杯（盏）的温度，同时使茶具得到再次清洁。

8. 奉茶的礼节

一般应双手将盛有香茗的茶杯奉到品茗人面前，以示敬意。

9. 品茶与喝茶的主要不同点

品茶与喝茶不同。喝茶主要是为了解渴，满足生理上的需要；品茶则是为了追求精神上的满足，重在意境，将饮茶视为一种艺术欣赏，要细细品啜，徐徐体察，从茶汤美妙的色、香、味、形中得到审美的愉悦，引发联想，从不同角度抒发自己的情感。

10. 常用于窨制花茶的香花

茉莉花、珠兰花、米兰花、白兰花、玫瑰花、玳玳花、栀子花、桂花。

11. 造成茶汤滋味不同的主要原因

茶叶中对味觉起主导作用的物质茶多酚（包括儿茶素及各种多酚类物质）、氨基酸，起辅助作用的咖啡碱、还原糖、茶黄素和茶红素等物质，在不同条件下，这些物质的含量与组成比例的变化，表现出各种不同茶类的滋味特征。

12. 泡茶三要素

在各种茶叶的冲泡程序中，茶叶的用量、水温和茶叶浸泡的时间是冲泡技巧中的三个基本要素。

13. 舌头各个部位味蕾的功能

舌尖最易感受甜味；舌心对鲜味、涩味最敏感；舌侧前部对咸味较敏感，后部对酸味较敏感；舌根对苦味较敏感。

14. 不同香型的主要代表茶

不同茶叶具有不同香型：名优茶具有清香和嫩香；红茶具苹果香；乌龙茶具花香，能散发出各种类似鲜花的香气。

15. 冲泡绿茶的用量标准

一般按 1 g 绿茶用 50～60 ml 的水进行冲泡。

16. 冲泡乌龙茶的用量标准

一般按 5 g 乌龙茶用 100 ml 的水进行冲泡。

17. 冲泡乌龙茶的水温

乌龙茶需用 95℃以上的沸水冲泡。

18. 不同茶叶冲泡的时间要求

普通红茶、绿茶的冲泡时间是 30～50 s；黄茶和白茶的冲泡时间是 50～75 s；冲泡乌龙茶的第一泡时间是 1 min 左右，从第二泡起，每次比前一泡多浸泡 15 s 左右。

19. 茶点的五大类

茶点大致可分为：干果类、鲜果类、糖果类、西点类和中式点心类五大类。

20. 行茶程序的三个阶段

冲泡茶叶整个过程分准备阶段、操作阶段和完成阶段，亦称行茶程序的三个阶段。

八、科学饮茶

1. 茶叶中化学成分的数量

茶叶中含有 600 多种化学成分，对茶叶的色、香、味以及营养、保健起着重要的作用。

2. 茶叶中的主要药用成分

茶叶中的主要药用成分有咖啡碱、茶多酚、维生素类、矿物质、氨基酸等。

3. 咖啡碱的药理作用

咖啡碱的药理作用有：使神经中枢兴奋，消除疲劳，提高劳动效率；抵抗酒精、烟碱的毒害作用；对中枢和末梢血管系统及心波有兴奋和强心作用；有利尿作用；有调节体温作用；直接刺激呼吸中枢兴奋。

4. 茶多酚的药理作用

茶多酚的药理作用有：降低血脂；抑制动脉硬化；增强毛细血管功能；降低

血糖；抗氧化、抗衰老；抗辐射；杀菌、消炎；抗癌、抗突变等。

5. 茶叶中维生素的种类

茶叶中维生素一般分为水溶性和脂溶性两类。水溶性维生素主要是B族、C族。脂溶性维生素主要有维生素A、维生素E、维生素K等。

6. 茶多酚的成分组成

茶叶中茶多酚物质主要由儿茶素、黄酮类化合物、花青素和酚酸类组成，其中儿茶素含量最高，约占茶多酚总量的70%。

7. 不同茶叶中维生素含量的差别

一般绿茶多于红茶，优质茶多于劣质茶，春茶多于夏、秋茶。

8. 科学饮茶的基本要求

科学饮茶第一个基本要求是能够正确地选择茶叶。要根据季节、气候及个人体质来选择相应茶叶。同时还应注意，选择品质优良又安全卫生的茶叶产品，如绿色食品茶叶或天然有机茶，并了解这两种茶的概念。第二个基本要求是用正确的冲泡方法泡茶。第三个基本要求是正确地品饮一杯茶。

9. 绿色食品茶的概念

绿色食品茶是指遵循可持续发展原则，按照特定的生产方式生产的，经专门机构认定，许可使用绿色食品标志的无污染、安全、优质、营养的茶叶。

10. 有机茶的概念

有机茶是指在无任何污染的茶叶产地，按有机农业生产体系和方法生产出的鲜叶原料，在加工、包装、储运过程中不受任何化学物品污染，并经有机茶认证机构审查颁证的茶叶。

11. “茶醉”的缓解方法

空腹饮茶过量，会引起“茶醉”。只要停止饮茶，喝些糖水，吃些水果，即可得到缓解。

12. 神经衰弱者的饮茶要求

神经衰弱者要节制饮茶。一要做到不饮浓茶，二要做到不在临睡前饮茶。

13. 饮浓茶的害处

“茶宜常饮、不宜多饮”，喝茶过多，特别是暴饮浓茶对身体健康不但无益反而有害。因为浓茶的茶多酚、咖啡碱含量很高，刺激性过于强烈，会使人体的新陈代谢功能失调，甚至引起头痛、恶心、失眠、烦躁等不良症状。

九、食品与茶叶营养卫生

1. 茶叶国家强制性标准的内容

我国现行有关茶叶标准内容包括产品标准、检验方法标准和包装、储运标识标准。其中国家强制性标准包括卫生标准、检验方法标准和包装标识标准。

2. 与茶叶关系密切的国家标准

与茶叶关系密切的国家标准有 GB 113432—92《特殊营养食品标签》、GB 11680—89《食品包装用原纸卫生标准》、GB 131037—91《植物性食品中稀土限量卫生标准》、GB 5749—85《生活用水卫生标准》等。

3. 国家管理的茶叶产品标准

国家管理的茶叶产品标准有 22 项，包括：《紧压茶·花砖茶》《紧压茶·黑砖茶》《紧压茶·茯砖茶》《紧压茶·康砖茶》《紧压茶·沱茶》《紧压茶·紧茶》《紧压茶·金尖茶》《紧压茶·米砖茶》《紧压茶·青砖茶》《第一套红碎茶》《第二套红碎茶》《第四套红碎茶》《绿茶》《原产地域产品·龙井茶》《蒙山茶》《武夷岩茶》《原产地域产品·洞庭（山）碧螺春茶》《原产地域产品·黄山毛峰茶》《原产地域产品·安溪铁观音》《原产地域产品·狗牯脑茶》《原产地域产品·太平猴魁茶》《砖茶氟含量》。

4. 毛茶标准样的含义

毛茶标准样是收购毛茶的质量标准。

5. 贸易标准样的定义

贸易标准样是茶叶对外贸易中成交计价和货物交接验收的实物依据。每一茶类按花色各分若干级，编制固定号码，作为贸易标准样的茶号。

6. 茶叶行业管理中茶叶产品标准

现行的茶叶行业标准主要有：《祁门工夫茶》《闽烘青绿茶》《茶叶品质规格》

《屯、婺、遂、舒、杭、温、平七套炒青绿茶》等。

7. 茶叶卫生标准的主要指标

从 2005 年 10 月 1 日起，新的茶叶卫生标准 GB 2762—2005 、GB 2763—2005 替代旧的《茶叶卫生标准》（GB 9679—1988）。新的茶叶卫生标准主要指标见表 5—1。

表 5—1 GB 2763—2005《食品中农药最大残留限量》标准中规定的茶叶指标

序号	项 目	最大残留限量（mg/kg）
1	六六六	0.2
2	滴滴涕	0.2
3	氯氰菊酯	20
4	溴氰菊酯	10
5	顺式氰戊菊酯	2
6	乙酰甲胺磷	0.1
7	杀螟硫磷	0.5
8	氟氰戊菊酯（红茶、绿茶）	20
9	氯菊酯（红茶、绿茶）	20
10	氟	≤800

8. 茶叶的重金属指标

新的茶叶卫生标准 GB2762－2005 规定重金属的指标见表 5—2。

表 5—2 GB 2762—2005《食品中污染物限量》标准中规定的茶叶指标

序号	项 目	最大残留限量（mg/kg）
1	铅	5
2	稀土（以氧化物总量计）	2.0

备注：稀土指元素周期表第Ⅲ类副族元素钪、钇及镧系（15 种）元素的总称。

9. 茶叶中有害霉菌的种类

茶叶中有害微生物主要是指在茶叶加工过程中产生的黑霉、红霉、青霉等有害霉菌。

十、相关法律、法规

1. 劳动者的权益

劳动者的权益，劳动法具体规定为：劳动者享有平等就业和选择职业的权利；取得劳动报酬的权利；休息休假的权利；获得劳动安全卫生保护的权利；接受职业技能培训的权利；享受社会保险和福利的权利。

2. 用人单位的权益

用人单位有权自主选择录用求职者；用人单位必须依法支付劳动者工资；用人单位必须建立、健全劳动安全卫生制度、严格执行国家劳动安全卫生规程和标准，对劳动者进行劳动安全卫生教育。同时，还必须为劳动者提供符合国家规定的劳动安全卫生条件和必要的劳动保护用品，对从事有职业危险作业的劳动者应当定期进行健康检查；用人单位应当建立职业培训制度，有计划地对劳动者进行职业培训；用人单位必须依法参加社会保险，缴纳社会保险费。

3. 劳资关系的协调与仲裁程序

劳资关系发生纠纷，当事人可以向本单位劳动争议调解委员会申请调解；调解不成，当事人一方要求仲裁的，可以向劳动争议仲裁委员会申请仲裁。当事一方也可以直接向劳动争议仲裁委员会申请仲裁。对仲裁裁决不服的，可以向人民法院提起诉讼。

4. 食品卫生法的含义

食品卫生法主要涉及食品的卫生，食品添加剂的卫生，食品容器、包装材料和食品的用具、设备的卫生，食品卫生标准和管理办法的制度，食品卫生管理，食品卫生监督以及违反食品卫生法应承担的法律责任等内容。

5. 与茶艺馆业有关的卫生要求

（1）保持内外环境整洁，采取措施消除苍蝇、老鼠、蟑螂和其他有害昆虫，与有毒、有害场所保持规定的距离。

（2）餐具、饮具和盛放直接入口食品的容器，使用前必须洗净、消毒，饮具、用具用后必须洗净，保持清洁。

（3）食品生产经营人员应当保持个人卫生，生产、销售食品时，必须将手洗净，穿戴清洁的工作服、帽；销售直接入口食品时，必须使用售货工具。

（4）用水必须符合国家规定的城乡生活饮用水卫生标准。

（5）使用洗涤剂、消毒剂应当对人体安全、无害。

6. 对消费者合法权益保护的基本原则

对消费者合法权益保护的基本要求主要体现在规定消费者享有下列权利：安全保障权；知情权；自主选择权；公平交易权；获取赔偿权；结社权；获得相关知识权；受尊重权；监督权。

7. 发生权益纠纷的处理办法

消费者与经营者发生权益纠纷，可与经营者协商和解；可请求消费者协会调解；可向有关行政部门申诉；可根据与经营者达成的仲裁协议提请仲裁机构仲裁；可向人民法院提起诉讼。

8. 公共场所卫生管理条例与茶馆业相关条例事项

（1）作为公共场所卫生管理条例适用的公共场所之一，下列项目必须符合国家标准和要求：

1）空气、微小气候（湿度、温度、风速）。

2）水质。

3）采光。

4）噪声。

5）顾客用具和卫生设施。

（2）国家对公共场所以及新建、改建、扩建的公共场所的选址和设计实行“卫生许可证”制度。

（3）经营单位应当负责经营的公共场所的卫生管理，建立卫生责任制度，对本单位的从业人员进行卫生知识的培训和考核工作。

（4）公共场所直接为顾客服务人员，持有“健康合格证”方能从事本职工作。

（5）经营单位需取得“卫生许可证”，方可申请办理营业执照。“卫生许可证”两年复核一次。

（6）公共场所因不符合卫生标准和要求造成健康事故的，经营单位应妥善处理，并及时报告卫生防疫部门。

（7）凡有下列行为之一的单位或个人，可根据情节轻重，给予警告、罚款、停业整顿、吊销“卫生许可证”的行政处罚。

1）卫生质量不符合国家卫生标准和要求，而继续营业的。

2）未获得“健康合格证”，而直接为顾客服务的。

3）拒绝卫生监督的。

4）未取得“卫生许可证”，擅自营业的。

（8）违反本条例的规定造成严重危害人民健康的事故或中毒事故的单位或者个人，应当对受害人赔偿损失。构成犯罪的，追究责任人员的刑事责任。

（9）对罚款、停业整顿及吊销“卫生许可证”的行政处罚不服的，可向法院起诉等。但对公共场所卫生质量控制的决定应立即执行。对处罚决定不履行又逾期不起诉的，由卫生检疫机构向人民法院申请强制执行。

初级茶艺师相关知识复习要点

一、礼仪

1. 茶艺师泡茶时对双手的要求

作为茶艺师，如果是女士，首先要有一双纤细、柔嫩的手，平时注意适时的保养，随时保持清洁；如果是男士，则要求干净。手上不要带饰物；手指甲不要涂上颜色，否则给人一种夸张的感觉。指甲要及时修剪整齐，保持干净，不留长指甲。

2. 茶艺师泡茶时的举止原则

对于茶艺服务人员来讲，在为客人泡茶过程中的一举一动尤为重要。就拿手的动作来说，如果左手趴在桌上，右手泡茶，看起来就显得懒散；右手泡茶，左手不停地动，会给人一种紧张的感觉；一手泡茶，一手垂直吊在身旁，从对方看来，就像缺了一只手的样子，不操作的手最好自然地放在操作台上。

泡茶时要注意两件事：第一，将各种动作组合的韵律感表现出来；第二，将泡茶的动作融入与客人的交流中。

3. 茶艺表演时的站姿要求

站立时直立站好，从正面看，两脚脚跟相靠，两脚尖呈 45°～60°。身体重心线应在两脚中间向上穿过脊柱及头部，双腿并拢直立、挺胸、收腹、梗颈。双肩平正，自然放松，双手自然交叉于腹前，双目平视前方，嘴微闭，面带笑容。

4. 茶艺师泡茶时的坐姿要求

泡茶时，挺胸、收腹、头正肩平，肩部不能因为操作动作的改变而左右倾斜。双腿并拢。双手不操作时，平放在操作台上，面部表情轻松愉快，自始至终面带微笑。

5. 着装旗袍的走姿要求

着旗袍时要求身体挺拔，胸微含，下颌微收，不要塌腰撅臀。着旗袍无论是配高跟鞋，或是平底鞋，走路的幅度都不宜大，两脚跟前后走在一条线上，脚尖略外开，两手臂在体侧摆动，幅度不宜大。髋部可随着脚步和身体重心的转移，稍左右摆动。站立时两手可合握于腰部或一屈一直。

6. 着装长裙的走姿要求

穿长裙行走时要平稳，步幅可稍大些。转动时，要注意头和身体协调配合。尽量不使头快速地左右转动。注意调整头、胸、髋三轴的角度，强调整体造型美。保持微笑、含蓄。站立时可两手合握于体前，走动时可一手提裙。

7. 着装短裙的走姿要求

穿着短裙，要表现出轻盈、敏捷、活泼、洒脱的特点。步幅不宜大，走路在速度上可稍快些。要笑口常开，保持活泼灵巧的风格。

8. 茶艺服务员的蹲姿要求

动作要讲究端庄优雅，动静相济，灵活得体。取低处物品或拾起落在地上的物品时，不要弯下身体翘臀部，这是不雅观又不礼貌的。要利用蹲和屈膝动作。具体做法是脚稍分开，站在要拿或拾的东西旁边，屈膝蹲下，而不要低头，也不要弯背，要慢慢低下腰拿取，以显文雅。

无论采用哪种蹲姿，要注意将腿靠紧，臀部向下，如果头、胸和膝关节不在同一角度上，这样的蹲姿就更典雅优美。

9. 茶艺服务中礼节的具体体现

礼节是人们在日常生活中，特别是在交际场合中，相互问候、致意、祝愿、慰问以及给予必要的协助与照料的惯用形式，是礼貌在语言、行为、仪态等方面的具体表现。

10. 茶艺服务中“三轻”的含义

茶艺服务人员在服务中要注意“三轻”，即说话轻、走路轻、操作轻。

11. 服务礼貌用语的使用原则

要注意说话时的仪态；要注意语言的准确和恰当；要注意语言简练、突出中心；要注意说话的语音、语调和语速。

二、接待

1. 接待准备工作的三个基本要求

接待准备工作包括环境的准备、用具的准备和人员的准备三个方面。

2. 布置品茶环境的基本原则

品茶环境追求一个“幽”字。幽静雅致的环境，是品茶的最佳选择。品茶环境要求清洁、幽静、雅致，是重要也是基本的要求。

品茶环境除追求“净”“雅”“洁”之外，还要注意光线的柔和、空气的流通。

3. 在日常营业中营造品茶净、洁环境的方法

（1）做好茶艺馆大厅、单间内外的卫生清洁工作。

（2）整理茶艺馆内的挂画、插花、陈列品等装饰物。

（3）点香、播放音乐，营造幽雅平静的氛围。

4. 冲泡乌龙茶茶具的准备

主泡器　茶船、紫砂壶、盖置、壶垫、茶海、闻香杯、品茗杯、杯托。

备水器　随手泡。

辅助用具　茶则、茶匙、茶针、茶漏、茶夹、茶巾、温度计、计时器、储茶器。

5. 泡茶时玻璃杯茶具的准备

主泡器　玻璃杯、茶船。

备水器　随手泡。

辅助用具　茶荷、茶则、茶匙、茶针、茶漏、茶夹、茶巾、储茶器。

6. 泡茶时瓷壶用具的准备

主泡器　瓷壶、品茗杯、盖置、杯托、茶船（水方）。

备水器　随手泡。

辅助用具　茶则、茶匙、茶针、茶漏、茶夹、茶巾、储茶器。

7. 泡茶时盖碗用具的准备

主泡器　盖碗、茶船（水方）。

备水器　随手泡。

辅助用具　茶荷、茶则、茶匙、茶针、茶夹、茶巾、储茶器。

8. 茶艺师化妆的要求

（1）在茶艺馆正式营业前要化淡妆，不可浓妆艳抹，不喷洒香水。

（2）注意手的卫生，不涂指甲油，不佩戴饰物。

（3）头发要干净、整洁、梳理好，如果是长发要束到后面，不要让头发垂下来。

9. 茶艺师的素质要求

茶艺服务人员必须有良好的文化素质、丰富的茶叶知识，以及专业的泡茶技巧和仪容、仪表。

10. 茶艺师的着装要求

服装以中式为主，做到洁净、整齐。

11. 茶艺馆的接待程序

茶艺馆接待程序主要有迎宾、递送茶单、泡茶、结账收款。

12. 茶艺馆的迎宾程序

有专人在门口进行迎宾，根据来客的人数，把宾客安排到适当位置，要向宾客介绍单间是免费还是收费及收费定价，打不打折等信息。

13. 递送茶单的原则

使用托盘将茶单交与宾客，并适时地为宾客介绍茶叶（包括名称、产地、价格等），由宾客自行选定。在此过程中，服务人员可展示自己的推销技巧。

14. 茶艺馆工作人员的岗位职责

茶艺馆一般有经理、领班、迎宾员、茶艺师、服务员等。茶艺馆应根据规模定员定编，确定岗位职责。

15. 茶艺馆经理的主要职责

（1）了解茶艺馆内的设施情况，监督及管理茶艺馆内的日常工作。

（2）安排员工班次，核准考核表。

（3）定期对员工进行培训，确保茶艺馆服务标准得以贯彻执行。

（4）经常检查茶艺馆内的清洁卫生、员工个人卫生、服务台卫生，以确保宾客饮食安全。

（5）与宾客保持良好关系，协助营业推广，反映宾客的意见和要求，以便提高服务质量。

（6）签署领货单及申请计划，督促及提醒员工遵守茶艺馆的规章制度并做好物品的保管。

（7）抓成本控制，严格堵塞偷拿、浪费等漏洞。

（8）填写工作日记，反映茶艺馆的营业情况、服务情况、宾客投诉或建议等。

（9）经常检查常用货物准备是否充足，确保茶艺馆的正常运转。

（10）及时检查茶艺馆设备的状况，做好维护保养工作、茶艺馆安全和防火工作。

16. 茶艺馆迎宾员的主要职责

（1）在茶艺馆进口处，礼貌地迎接宾客，引领到适当座位，拉椅让座。

（2）通知区域领班或服务员，及时送上菜单及其服务。

（3）熟知茶艺馆内的所有座位的位置及容量，确保相应的座位上有适当人数。

（4）将宾客平均分配到不同区域，平衡工作量。

（5）接受或婉言谢绝宾客的预订。

（6）帮助宾客存放衣帽雨伞等物品。

17. 茶艺师的主要职责

（1）每天负责准备好充足的货品及用具。

（2）根据宾客的要求准备不同的茶叶及沏泡用具。

（3）按照不同茶叶种类采用不同的方法为宾客沏泡。

（4）做茶时要认真按照茶艺方法和步骤进行沏泡。

（5）耐心细致地为宾客讲解。

（6）要协调与服务员的关系。

18. 茶艺馆领班的主要职责

（1）接受经理指派的工作，全权负责本区域的服务工作。

（2）负责填报本班组员工的考勤情况。

（3）根据宾客情况安排好员工的工作班次，并视工作情况及时进行人员调整。

（4）督促每一个服务员并以身作则大力向宾客介绍推销产品。

（5）带领服务员做好班前准备工作与班后收尾工作。

（6）营业结束带领服务员搞好茶艺馆卫生，关好电灯、电力设备开关，锁好门窗、货柜。

（7）配合茶艺馆经理对下属员工进行业务培训，不断提高员工的专业知识和服务技能。

（8）核查账单，保证在宾客结账前账目准确。

19. 茶艺馆的经营宗旨

高雅的文化品位是茶艺馆的经营特色；弘扬中国茶文化、振兴中国茶业经济是茶艺馆的经营宗旨。

20. 茶艺馆经营管理的重点

一是抓货源管理；二是抓人才管理；三是抓内部管理。

21. 茶艺馆人员服务技能的基本要求

（1）对茶的历史、栽培、加工制造、茶叶分类与茶具、茶文化的知识有深入的了解。

（2）能熟练运用与操作各种茶的沏泡。

（3）具备与茶文化有关的中国传统文化的基本知识。

（4）具备良好的文化素质。

三、茶艺的准备

1. 绿茶根据杀青和干燥方式不同形成的类别

根据杀青方式和干燥方式的不同，绿茶可分为炒青绿茶、烘青绿茶、蒸青绿茶等。

2. 扁炒青的外形特征

扁平光滑。

3. 洞庭碧螺春的外形特征

外形条索纤细，卷曲如螺，茸毫密披，色泽银绿隐翠。

4. 蒙顶甘露的品质特点

外形紧卷多毫，色泽润绿油润。冲泡后，芬芳馥郁，滋味鲜醇回甘，汤色清澈碧绿，叶底匀嫩明亮。

5. 闽红“三大工夫”茶的分类

闽红工夫由于茶叶产地不同，茶树品种不同，品质风格不同，分为白琳工夫、坦洋工夫和政和工夫。

6. 安溪铁观音的品质特点

条索卷曲、壮结、重实，呈青蒂绿腹蜻蜓头状；色泽鲜润，呈砂绿，红点明，叶表起白霜。冲泡后，香气馥郁持久，有“七泡有余香”之誉，滋味醇厚甘鲜，有蜜味，汤色金黄，浓艳清澈，叶底肥厚明亮，有光泽。

7. 台湾包种的品质特点

条索卷皱而稍粗长，色泽深绿，有青蛙皮状灰白点；冲泡后，香气芬芳，有兰花清香，滋味圆滑甘润，回甘有力，汤色清澈黄绿，具有“香、浓、醇、韵、美”五大特色。

8. 普洱茶的品质特点

普洱散茶条索粗壮肥大完整，色泽褐红或带有灰白色。普洱茶汤色红浓明亮，香气独特，叶底褐红色，滋味醇厚回甘。

9. 干看春绿茶的品质特点

春绿茶色泽绿润，芽叶肥壮重实，或有较多白毫，条索紧结，珠茶颗粒圆紧，而且香气馥郁。

10. 干看春红茶的品质特点

春红茶色泽乌润，芽叶肥壮重实，或有较多白毫，条索紧结，珠茶颗粒圆紧，而且香气馥郁。

11. 湿看春绿茶的品质特点

茶叶冲泡后，下沉快，香气浓烈持久，滋味醇厚；绿茶汤色绿中显黄；叶底柔软厚实，正常芽叶多者，为春茶。

12. 湿看夏绿茶的品质特点

茶叶冲泡后，下沉慢，香气稍低；滋味欠厚稍涩，汤色青绿，叶底夹杂铜绿色芽叶，对夹叶多者，为夏茶。

13. 从滋味判断新陈两种茶

新茶滋味都醇厚鲜爽，而陈茶却显得淡而无味。

14. 识别高山茶与平地茶

高山茶新梢肥壮，色泽翠绿，茸毛多，节间长，鲜嫩度好，加工而成的茶叶具有特殊的花香，而且香气高，滋味浓，耐冲泡，且条索肥硕、紧结、白毫显露。

平地茶新梢短小，叶底硬薄，叶张平展，叶色黄绿少光，加工而成的茶叶香气稍低，滋味较淡，条索细瘦，身骨较轻。

15. 名泉泡茶的水质特点

名泉大多出自岩石重叠的山峦，山上植被繁茂，从山岩断层涓涓细流汇成的泉水，不但富含二氧化碳和各种对人体有益的微量元素，而且经过岩石过滤，水质清澈晶莹，含氯化物极少。

16. 江河湖水泡茶水质特点

江、河、湖水属于地面水，通常含杂质较多，混浊度较高，用来泡茶难于取得好的效果。但远离人烟地方，污染物少，江、河、湖水仍不失为沏茶好水。

17. 软水泡茶对钙、镁离子的限量要求

软水泡茶对钙、镁离子的限量要求每升不得超过 8 mg。

四、茶艺演示

1. 今人泡茶对水质的要求

现代科学要求，沏茶的好水除了要无毒或不超过有毒标准、无污染或不超过污染的规定之外，还要有利于溶解茶叶的有益成分。如茶多酚、咖啡碱、蛋白质、果胶、糖类、色素、维生素和芳香物质等。

2. 硬水与茶汤品质的关系

水的硬度与茶汤品质也有密切关系。首先，水的硬度影响水的 pH 值（酸碱度），而 pH 值又影响茶汤的色泽。当 pH 值大于 5 时，汤色加深；当 pH 值达到 7 时，茶黄素就倾向于自动氧化而损失。其次，水的硬度还影响茶叶有效成分的溶解度。硬水中含有较多的钙、镁离子和矿物质，茶叶有效成分的溶解度低，故茶味淡。如水中铁离子含量过高，茶汤就会变成黑褐色，甚至浮起一层“锈油”，简直无法饮用。如水中铅的含量达到 0.1 ppm 时，茶味变苦；镁的含量大于 2 ppm 时，茶味变淡；钙的含量大于 2 ppm 时，茶味变涩，若达到 4 ppm，茶味则变苦。

3. 泡茶水量的使用原则

（1）泡茶水量与所泡茶量的关系

一般来说，红茶、绿茶、花茶类，1 g 茶叶以冲泡 50～60 ml 沸水为好。

（2）泡茶水量与茶类的关系

用乌龙茶、普洱茶泡茶，同样的茶壶或茶杯，就需茶叶 6～10 g，用茶量高出大宗红、绿茶 1 倍以上。而沸水的冲泡量却要减少 50%。煎煮砖茶时，通常 50 g 左右捣碎的砖茶，加水 1.5 kg 左右。

（3）一般泡茶，茶与水的用量并没有一定的比例，因各人的习惯与嗜好而异。

茶多水少，则味浓；茶少水多，则味淡。但在评茶与品茶时，茶与水的用量则为每杯置茶 5 g，冲沸水 250 ml。

4. 泡茶对水温的要求

各种乌龙茶、普洱茶和沱茶，必须用 100℃的滚沸开水冲泡；砖茶需用煎煮，方能饮用；普通红茶、绿茶和花茶可用滚沸不久的 90℃左右的水冲泡。冲泡细嫩名优茶时，一般以水温 80℃左右为宜。

5. 泡茶时冲泡茶具的选择

饮用花茶，可用壶泡茶，然后斟入瓷杯饮用。饮用大宗红茶和绿茶，可选用有盖的壶、杯或碗泡茶；饮用乌龙茶宜用紫砂壶泡茶，然后倒入白瓷杯中饮用；品饮细嫩名优茶则除可用玻璃杯冲泡外，也可选用白色瓷杯冲泡饮用。

6. 玻璃杯冲泡绿茶的方法

执开水壶以“凤凰三点头”高冲注水，使茶杯中的茶叶上下翻滚，有助于茶叶内所含物质浸出，茶汤浓度达到上下一致。一般冲水入杯至七成满为止。

7. 演示冲泡绿茶时取茶的方法

因绿茶干茶细嫩易碎，因此从茶叶罐中取茶入荷时，应用茶匙轻轻拨取，或轻轻转动茶叶罐，将茶叶倒出。禁用茶则盛取，以免折断干茶。

8. 绿茶温润泡法

将开水壶中适度的开水倾入杯中，水温 80～85℃，注水量为茶杯容量的 1/4 左右，注意开水柱不要直接浇在茶叶上，应打在玻璃杯的内壁上，以避免烫坏茶叶。此泡时间掌握在 15 s 以内。

9. 玻璃杯冲泡绿茶的洁具要求

将玻璃杯一字摆开，或呈弧形排放，依次倾入 1/3 开水，然后从左侧开始，右手捏住杯身，左手托杯底，轻轻旋转杯身，将杯中的开水依次倒入水盂。

当面清洁茶具既是对客人的礼貌，又可让玻璃杯预热，避免正式冲泡时炸裂。

10. 玻璃杯冲泡时的奉茶礼节

右手轻握杯身（注意不要捏杯口），左手托杯底，双手将茶送到客人面前，放在方便客人提取品饮的位置。茶放好后，向客人伸出右手，做出“请”的手势，或说“请品茶”。

11. 盖碗冲泡绿茶的方法

用水温在80℃左右的开水高冲入碗，水柱不要直接落在茶叶上，应落在碗的内壁上，冲水量以七八成满为宜，冲入水后，迅速将碗盖稍加倾斜地盖在茶碗上，使盖沿与碗沿之间有一空隙，避免将碗中的茶叶闷黄泡熟。

12. 红茶品饮的主要方式

红茶品饮，主要是清饮和调饮两种。

13. 清饮红茶的杯泡法

（1）备具

白色有柄瓷杯、茶叶罐、茶荷、茶匙、开水壶（煮水器）、茶巾、水盂。

（2）洁具

用开水冲杯，以洁净茶具，并起到温杯的作用。

（3）赏茶

用茶匙拨取适量茶叶入茶荷，供宾客欣赏干茶的外形及香气。

（4）置茶

用茶匙将茶叶依次拨入茶杯中，每60 ml左右水容量需要干茶1 g。

（5）冲水

90℃左右的开水以高冲法入茶杯，七成满即可。

（6）奉茶

将冲好的茶，双手持杯托有礼貌地奉给宾客。

14. 清饮红茶的壶泡法

（1）备具

紫砂壶或咖啡壶通用；白瓷茶杯，茶叶罐、茶匙、开水壶、茶巾、水盂。

（2）洁具

用开水注入壶中，持壶摇数下，再依次倒入杯中，以洁净茶具。

（3）置茶

用茶匙从茶叶罐中拨取适量茶叶入壶，根据壶的大小，每60 ml左右水容量需要干茶 1 g（红碎茶每 g 配 70～80 ml 水）。

（4）冲泡

将 90℃左右的开水高冲入壶。

（5）分茶

静置 3～5 min 后，提起茶壶，轻轻摇晃，待茶汤浓度均匀后，采用循环倾注法一一倾茶入杯。

（6）奉茶

有礼貌地将茶奉给宾客品饮。

15. 调饮红茶的含义

调饮红茶是在冲泡的红茶的茶汤中加入调味品。

16. 潮汕工夫茶的冲泡程序

备具、温具、赏茶、置茶、冲水、刮沫、洗茶、正式冲泡、洗杯、斟茶、奉茶。

17. 冲泡潮汕工夫茶的主要茶具

烧水炉具、盖碗或紫砂壶、品杯、茶承。

18. 潮汕工夫茶的斟茶技巧

第一泡茶，浸泡 1 min 即可斟茶。斟茶时，盖碗应尽量靠近品杯，俗称“低斟”，可以防止茶汤香气和热量的散失。倾茶入杯时，茶汤从斜置的碗盖和碗身的缝隙中倒出，并在一字排开的品杯中来回轮转，通常反复二三次才将茶杯斟满，称为“关公巡城”。茶汤倾毕，尚有余滴，需一滴一滴依次巡回滴入各个茶杯，称为“韩信点兵”。采用这样的斟茶法，目的在于使各杯中的茶汤浓淡一致，而避免先倒为淡、后倒为浓的现象。

19. 冲泡潮汕工夫茶时茶承的用途

用来陈放盖碗和品杯的工具。它分上下两层，上层是一个有孔的盘，下层为钵形水缸，用来盛接泡茶时的废水。

20. 福建工夫茶冲泡的主要茶具

紫砂壶、品杯、茶船、烧水炉具、茶叶罐、茶荷、茶夹、茶则、茶匙、茶巾、水盂。

21. 福建工夫茶冲泡方法

用开水壶再次“高冲”，并上下起伏，以“凤凰三点头”之式将紫砂壶注满，如产生泡沫，要用壶盖刮去，然后冲洗干净壶盖，盖上壶盖保温。

22. 福建工夫茶的冲泡程序

备具、洁具、赏茶、置茶、温润泡、正式冲泡、淋壶、洗杯、斟茶、奉茶。

23. 台湾乌龙茶冲泡主要器具

茶盘、紫砂壶、闻香杯、品茗杯、杯垫、公道杯、滤网、茶则、茶夹。

24. 台湾乌龙茶的冲泡程序

备具、温壶烫盏、赏茶、置茶、温润泡、正式冲泡、刮沫、淋壶、洗杯、滤茶、斟茶、奉茶、品茶。

25. 台湾乌龙茶冲泡时温壶烫盏的方法

将开水注入紫砂壶和公道杯中，持壶摇晃数下，以巡回往复的方式注入闻香杯和品茗杯中。

26. 台湾乌龙茶冲泡时洗杯的方法

用茶夹依次将闻香杯和品茗杯中的烫杯水倒掉，一对对地放在被垫上，闻香杯在左，品茗杯在右。杯身上若有图案或分正反面，将有图案的一面或正面朝向宾客。

27. 台湾乌龙茶冲泡时滤茶的方法

将滤网置于公道杯上，将壶中浸泡约 1 min 的茶汤通过滤网倒入公道杯中。紫砂壶的水流尽量靠近过滤网，避免茶香散失。这一式也称“玉液回壶”。

28. 台湾乌龙茶冲泡时斟茶的方法

执公道杯，将茶汤斟入闻香杯，至七成满为止。

29. 白茶冲泡的器具

玻璃杯、杯托、茶叶罐、茶匙、赏茶盘、烧水炉具。

30. 白茶冲泡的方法

备具、赏茶、置茶、浸润、泡茶、奉茶。

31. 黄茶冲泡的器具

玻璃杯、杯托、杯盖、赏茶盘、茶叶罐、茶匙、烧水炉具。

32. 黄茶冲泡的特点

用水壶将70℃左右的开水，先快后慢冲入茶杯1/2处，使茶芽湿透。稍后，再冲至七成满为止。冲泡后，茶叶往往浮卧汤面，这时用玻璃片盖在茶杯上，能使茶芽均匀吸水，快速下沉。5 min后，去掉玻璃片。

33. 冲泡黑茶的器具

茶盘、盖碗、公道壶、小品杯、茶叶罐、茶则、茶针、茶巾、烧水炉具。

34. 冲泡黑茶的洗茶要求

将沸水大水流冲入盖碗，使盖碗中的茶叶随水流快速翻滚，达到充分洗涤的目的。将洗茶水从斜置的碗盖和碗沿的间隙中倒出。

35. 冲泡花茶的器具

盖碗、茶叶罐、茶则、烧水炉具。

36. 冲泡花茶的方法

备具、置茶、浸润、冲泡、奉茶、品茶。

37. 绿茶的品饮方法

品饮绿茶，冲泡前，可先欣赏干茶的色、香、形。名优绿茶的造型因品种而异，或条状，或扁平，或螺旋形，或若针状等；其色泽，或碧绿，或深绿，或黄绿，或白里透绿；其香气，或奶油香，或板栗香，或清香等。冲泡时，倘若采用透明玻璃杯，则可观察茶在水中缓慢舒展，游弋沉浮，这种富于变幻的动态，茶人称其为“茶舞”。冲泡后，则可端杯嗅香，此时，汤面冉冉上升的雾气夹杂着缕缕茶香，犹如云蒸霞蔚，使人心旷神怡。接着是观察茶汤颜色，或黄绿碧清，或淡绿微黄，或乳白微绿，或隔杯对着阳光透视茶汤，还可看见有微细茸毫在水中游弋，闪闪发光，此乃是细嫩名优绿茶的一大特色。尔后，端杯小口品啜，尝茶汤滋味，缓慢吞咽，让茶汤与舌头味蕾充分接触，则可领略到名优绿茶的风味；若舌和鼻并用，还可从茶汤中品出嫩茶香气，有沁人肺腑之感。品尝头开茶，重在品尝名优绿茶的鲜味和茶香。品尝二开茶，重在品尝名优绿茶的回味和甘醇。

至于三开茶，一般茶叶已淡，也无更多要求，能尝到茶味就算可以了。

38. 清饮红茶的品饮方法

清饮红茶的品饮，重在领略它的香气和滋味。端杯开饮前，要先闻其香，再观其色，然后才是尝味。圆熟清高的香气，红艳油润的汤色，浓强鲜爽的滋味，让人有美不胜收之感。不过这种精神享受，需要品茶者在“品”字上下工夫，缓缓斟饮，细细品啜，徐徐体味，超然自得，“吃”出茶的真味来，真正享受到清饮红茶的这种福分。

39. 调味红茶的品饮方法

调味红茶的品饮，重在领略它的香气和滋味。即使在茶汤中加入多种其他调料，茶汤依然十分顺口。尤其是一些名优红茶，香气和滋味是不会轻易被混淆的，因此，品饮调味红茶时，应先闻香，至于对香和味的要求，则须看加什么调料而定，不能一概而论。

40. 乌龙茶的品饮方法

品饮乌龙茶时，用右手拇指和食指捏住品杯口沿，中指托住茶杯底部，雅称“三龙护鼎”，手心朝内，手背向外，缓缓提起茶杯，先观汤色，再闻其香，后品其味，一般是三口见底。如此，“三口方知其味，三番才能动心”。饮毕，再闻杯底余香。

品饮乌龙茶强调热饮，用小壶高温冲泡，品杯则小如胡桃。每壶泡好的茶汤，刚好够在场茶友一人一杯，要继续品饮，则即冲泡即品饮，这样，每杯茶汤在品饮时都是烫口的。品饮乌龙茶因杯小、香浓、汤热，故饮后杯中仍有余香，这是一种比汤面香更深沉、更浓烈的“香韵”，“嗅杯底”香就源于此。

41. 台湾乌龙茶的品饮方法

品饮台湾乌龙茶与品饮乌龙茶时，略有不同，在品饮茶汤前多一道闻香。泡好的茶汤首先倒入闻香杯，品饮时，要先将闻香杯中的茶汤旋转倒入品杯，嗅闻香杯中的热香，再以“三龙护鼎”的方式端品杯观色，接着即可小口啜饮，再持闻香杯寻杯底冷香，留香越久，则表明这种乌龙茶的品质越佳。

42. 白茶的品饮方法

白茶的品饮方法较为独特，这是因为白茶在加工时未经揉捻，茶汁不易浸出，所以冲泡时间较长。冲泡开始时，茶叶都浮在水面，经五六分钟后，才有部分茶芽沉落杯底，此时茶芽条条挺立，上下交错，犹如雨后春笋，甚是好看。大约 10 min 后，茶汤呈橙黄色。此时，方可端杯边观赏、边闻香、边尝味。如此品茶，尘俗尽去，意趣盎然。

43. 黄茶君山银针的品饮方法

黄茶类中君山银针品饮最具代表性。君山银针为单芽制作，在品饮过程中突出对杯中茶芽的欣赏。可以说君山银针是一种以赏景为主的特种茶。

刚冲泡的君山银针是横卧水面的，当盖上玻璃片后，茶芽吸水下沉，芽尖产生气泡，犹如雀舌含珠。继而茶芽个个直立杯中，似春笋出土，如刀枪林立。接着沉入杯底的直立茶芽，少数在芽尖气泡的浮力作用下再次浮升。如此上下沉浮，使人不由得联想此景如人生，经历几起几落。打开玻璃杯盖片，一缕白雾从杯中冉冉升起，缓缓消失，此时端起茶杯，顿觉清香袭鼻，闻香之后，自然就是品茶尝味了，君山银针的茶汤口感醇和、鲜爽、甘甜，别有一番滋味在心头。

44. 黑茶的品饮方法

黑茶的品饮重在寻香探色。为了更好地观赏茶汤，一般选用白瓷或玻璃透明小品杯。先观汤色，尔后闻香，最后才品味。如果是陈年的普洱茶，则应在品饮的过程去细细体味经长期储存而形成的“陈香”，其内香潜发，味醇甘滑，正是陈年普洱茶特殊的品质风格。

45. 花茶的品饮方法

冲泡花茶，一般选用盖碗。冲泡前，可欣赏花茶的外观形状闻干茶的香气。冲泡 3 min 后，左手端杯，右手拇指和中指捏住盖钮，食指抵住钮面，向内翻转碗盖，闻盖香。尔后尝茶汤。品饮时，让茶汤在口中稍事停留，使茶汤在舌面上来回往返流动，充分与味蕾接触，如此一两次，再徐徐咽下，即会感受到齿颊留香，精神愉悦。

一饮后，茶碗中应留下 1/3 的茶汤，续水两次，再三次，高档花茶可以冲七八次水仍有余香。

五、茶事服务

1. 茶饮推荐的基本原则

如何在顾客进入茶艺馆之后，让其满意地喝好一杯茶是茶艺服务人员要认真考虑的问题。其中茶艺服务人员对茶饮的推荐是第一步。

当顾客从认识到选购一种名牌茶饮时，可满足他一系列需求与欲望，亦即可带给他一系列利益：提神解乏，生津止渴；外形美观，可供观赏；滋味醇美，值得品尝；招待宾朋，主宾同乐；包装考究，馈赠佳品等。但顾客往往因国家民族、地区、收入情况、文化教育水平、传统习惯等因素的不同对茶饮的选择差异性很大，可以这么说："有一千个顾客，就有一千种茶的选择。"顾客对商品茶的选择具有"个性化"，商品茶本身也应具有"个性化"，所以要适销对路，就要因人而异地推荐茶饮。

2. 绿茶的保健功效

绿茶由于维生素C和茶多酚的含量比红茶多，其对抑菌、抗辐射、防血管硬化、降血压的疗效较红茶高。绿茶还能有效阻断人体内亚硝酸胺的形成，因而抗癌作用也优于红茶。

3. 红茶的保健功效

红茶强胃、利尿、抗衰老、延年益寿的作用优于绿茶。

4. 不同年龄人选择茶饮的原则

少年儿童宜饮淡绿茶或淡花茶；青年人宜饮绿茶；中年人宜花茶、绿茶交替饮用；老人可饮淡红茶；少女经期前后或更年期女性因情绪烦躁不安宜饮花茶，则有助于疏肝解毒、理气调经。

5. 不同慢性疾病者选择茶饮的原则

胃部患病者宜饮乌龙茶或玳玳花茶；前列腺疾病者宜饮花茶、红茶；肝部患病者宜饮花茶；减肥去脂者最宜饮乌龙茶和普洱茶；体质虚弱者宜饮绿茶、白茶；便秘者宜饮蜜茶；阳虚、脾胃虚寒者可饮乌龙茶、花茶；高血压、糖尿病、肺结核患者宜饮绿茶；血管硬化、白血球减少、血小板过低者宜饮绿茶；肾炎患者宜饮适量红茶糖水；高胆固醇、动脉硬化者可饮乌龙茶、普洱茶和白茶；抗菌消炎、收敛止泻宜饮绿茶；防癌抗癌宜饮绿茶。

6. 从事不同职业者选择茶饮的原则

体力劳动者宜饮红茶、乌龙茶；脑力劳动者宜饮绿茶、茉莉花茶；嗜烟者宜饮绿茶；喜食油腻肉类食品者宜饮乌龙茶；厨师最宜饮乌龙茶；矿工、司机则多饮绿茶。

7. 秋天选饮绿茶

秋天饮绿茶更有利于健康，是因绿茶收缩性强，氨基酸含量多，也有防暑降温的功效，也可清热生津，给人以清凉之感。

8. 冬天选饮红茶

红茶味甘苦、性微温、气香。红茶的热性比青茶差，但比绿茶强。在冬春季稍寒冷的天气饮用，可适当补充身体热量，温胃散寒，提神暖身，比较适宜。

9. 冬季严寒选饮乌龙茶

冬季严寒最适宜选饮青茶（乌龙茶）。青茶味微甘、性温、热性强。青茶在加工过程中经反复烘焙吸收了大量热量，在冲饮后也释放出大量热量，再加之青茶的鲜叶较老，含糖量丰富，也能产生较高的热量。故在冬末春初季节，宜饮用最暖性的乌龙茶。

10. 夏暑选饮白茶

夏暑宜饮白茶，白茶加工时，在自然环境中直接晾干，不炒不揉，性寒，是难得的凉性饮料。

11. 花茶的选饮

不同季节宜选饮不同香花的花茶。春回大地时节宜选用香味浓郁、喝之顺气暖胃的“玳玳花茶”或清雅去湿的“珠兰花茶”；盛夏酷暑，宜选用香气芬芳、喝之止渴生津的“茉莉花茶”或香气馥郁甜美、祛热解暑的“玫瑰花茶”；秋高气爽，气温干燥，则宜选用香气浓烈、喝之上咳化痰的“白兰花茶”；寒冬到来，寒气逼人，则选用香气清芬怡人、喝之散寒去瘀的“桂花茶”。

12. 茶起源的传说

说到茶，追本溯源，最早自然要提到神农。《神农本草》载：“神农尝百草之滋味，水泉之甘苦，令民知所避就”。又《本草衍义》中记：“神农尝百草，一日遇七十毒，得茶而解之”。因此就把这种有解毒的植物叫做“查”。传说寄托了人们对神农的崇敬和怀念，后来仓颉造字时，造了个“茶”字代替“查”字，这就是现在茶叶的“茶”。

13. 斗茶的概念

斗茶又叫茗战，起源于唐朝，流行于宋代。为了评选好茶入贡，茶产地群众自发形成富有特色的茶事活动。斗茶不仅仅是茶的争美、器具的斗艳、水的品评、艺的较量，而且是一种美的比赛，如诗中所说“林下雄豪先斗美”。水美、茶美、器具美、技艺美、入眼无处不是美，最后最为关键的是味美。

六、销售技巧

1. 接近顾客适时推销的最佳时机

茶艺服务人员在服务过程进行茶叶推销，往往是成功交易的重要手段。要成功地进行导购推销，至少在接近顾客、争取顾客、影响顾客三大方面，必须认真依礼而行。从总体上来讲，应适时抓好下列四种时机：顾客产生兴趣之时；顾客提出要求之时；品茶环境有利之时；当茶艺馆来客较多、茶价适宜之时。这些是接近顾客进行导购推销的最佳时机。

2. 茶艺师与顾客行握手礼的注意事项

茶艺师与顾客行握手礼，多见于熟人之间，通常不主动向初次相交的顾客行握手礼。对茶艺服务人员来讲，与顾客握手时，忌戴手套和墨镜，并且不准轻易以自己的左手与他人相握。

3. 茶艺师作自我介绍的原则

茶艺师在接近顾客时，让对方明确自己的身份，是非常必要的。为此，必须要进行正确的自我介绍。通常可参照三种模式。一是只介绍自己的身份。它多用于现场服务之时。二是介绍自己所在的茶艺馆、部门以及具体职务。它一般适用于较为正式的场合。三是将自己所在茶艺馆、部门、具体职务以及姓名一起加以介绍。它适用于最为正式的场合。

4. 推销业务交往中正确递交名片的要求

不少时候，茶艺服务人员在上门推销时往往需要递上自己的名片。递上名片，宜在自我介绍或对方有此要求时进行。正确的做法是令其正面面对对方，双手或使用右手递交过去。需要名片同时递交多人时，应以“由尊而卑”或“由近而远”为序。依照惯例，不宜主动索要顾客的名片。但当顾客主动送上其名片时，则须依礼捧接。即应在道谢的同时，以双手或右手接过对方的名片。在将其认真捧读一遍之后，应将其毕恭毕敬地收藏起来。

5. 茶艺师导购时有效争取顾客的要点

茶艺师从事导购、推销工作时要想有效争取顾客，必须做到观察入微，现场反应敏捷；必须做到推介方式有效；摸清顾客心理；应从顾客急于了解之处开始，分清轻重缓急。

6. 茶艺师导购中有效的推介技巧

在导购、推销中要行之有效地进行商品或服务的推介，以下几种基本技巧可以尝试。

(1) 使顾客充分了解茶叶商品的真正价值，让对方明确它是物有所值的。

(2) 使顾客充分了解茶叶商品的使用方法，它的实际用途有哪些，怎样用好它。

(3) 使顾客充分了解茶艺服务的独特哲理，这一点往往能使人激发起对茶叶商品的兴趣。

(4) 使顾客有机会对茶叶商品、茶艺服务有所接触，可通过让顾客品尝来强化其感官印象，加深其对茶叶商品的兴趣和认识程度。

(5) 多上品种，这样使顾客所接触、观看的茶叶商品尽量能够多几种，以便使其有更多的比较、更多的选择。

(6) 先低后高地展示，这样使顾客所接触、观看的茶叶商品、茶艺服务，在多种比较、选择的先后次序上，呈现出先低级后高级的顺序。

7. 茶艺服务中“拒绝”的礼仪技巧

（1）准备勇气，适时说“不”。

（2）巧言诱导，委婉拒绝。

（3）道明原委，互相理解。

礼貌拒绝对方的方法还有让步拒绝法、预言拒绝法、提问拒绝法等。只要以理解、真诚维系和发展公众关系为前提，认真总结、升华不得不说“不”的方法，以自己的人格、以公司的风格和美誉做保证，就一定能找到如何礼貌拒绝顾客的各种具体方法。

七、销售服务

1．茶叶销售包装的注意事项

（1）茶叶的小包装材料

由于国际上超级市场及旅游业兴隆，食品小件包装发展很快。茶叶商品小包装的需要量也日益增多。选作茶叶小包装的材料与大包装用料不同，除了具备避光性能外，最主要的是要求防潮性良好和不透气。目前塑料与铝箔复合材料的研究进展很快，我国也正在加强这方面的研制。1981 年上海食品工业研究所试制成功一种三层、四层塑铝复合材料。利用各种塑料的物理性能不同，多种塑料多层复合，取长补短，具备多种性能；它既避光且能防紫外线透过，防水汽和氧气等气体透过，质轻又韧性强，既牢固不易破损，又封口、开启方便，能多方面地满足茶叶储藏条件的要求。

（2）包装的操作技术

茶叶的包装过程对环境还有一定要求，由于茶叶的吸湿性很强，要求包装环境应保持干燥。一般采用空调吸湿设备降低包装车间的湿度，保持包装车间的相对湿度在 50％以下，同时，也应该注意缩短茶叶与空气接触时间，要求做到随时开箱取茶，随时包装，快速包装，严格执行操作制度，防止水分增加和茶香的散失。

（3）注意包装外观的美化

因为小包装商品直接与消费者见面，要美化商品外观，就要对小包装的表面进行装饰，给人增强印象，以唤起消费者的购买热情。可见装潢是商品最有效的广告宣传，有人称包装装潢是“无声推销员”和销售“尖兵”。有人甚至提出，“包装上的外形、颜色、图画和字句都会影响消费者品尝的感觉”，这不是没有道理的。但包装装潢是综合性艺术，需要各行各业专家共同协作，其中包括调研专家、绘画设计师、心理学测验人员、商品外形设计人员，以及摄影师等。

2. 结账礼仪

在宾客上完最后一道茶后，即应开始做好结账的准备工作，以备宾客随时结账付款。值台员不要用手直接将账单递交给宾客，而应把账单放在垫有小方巾的托盘里送到宾客面前。为了表示尊敬和礼貌，放在托盘里的账单正面朝下，反面朝上。宾客付账后，要表示感谢。如果宾客要直接向收款员结账，应客气地告诉宾客收银台的位置，并用手势示意方向。

3. 茶叶储存条件

茶叶的变质原因除本身水分的含量有关外，与环境中的温、湿、光、氧气等条件的影响有直接关系。因此储存茶叶应严格控制环境条件。储存的最佳条件是：

（1）低温

实验结果表明，温度每升高10℃，茶叶的褐变速度要增加3～5倍。在－10℃以下，可以抑制褐变；在－20℃以下储存几乎完全防止变质。

（2）干燥

当茶叶含水量达6％以上，则变质明显。故储存的环境也必须是干燥的，相对湿度最好控制在20％以下，使茶叶含水量始终低于6％。

（3）无氧气

空气中约含21％氧气，能使茶叶中的许多物质自动氧化而变质，故茶叶应在无氧气环境条件储存。

（4）不透明

因为光线能促使茶叶中的色素和类脂物质氧化而变质。故茶叶的包装材料不宜用透明袋，勿将茶叶放在光线照射的地方。

（5）无异味

茶叶极易吸收各种异味，切勿与他物放置一起。储放容器和场所均须无味，否则茶叶会完全变质。

4. 茶叶储存方法

茶叶储存方法有低温储存、常温储存、无氧保存、冰瓶保存法。

5. 茶壶的养护方法

一把新壶显现的光泽较为陈暗，然而经过长期使用但经适当整理后，壶身便能显现出蕴含的光泽，呈现其特有的古朴生命力，这个过程称为养壶。

所以，养壶的第一步便是泡茶。由于茶壶上的毛孔在调节温度的同时也会吸收茶汤成分，使茶壶逐渐形成油亮的表面。无论是将茶壶泡在茶汤中，或是持续将茶汤浸放在壶中，甚至利用所谓的养壶机，都不是正确之道，只有常常泡茶，才能达到养壶之效。

茶壶使用完毕，应尽快将茶渣掏出，以清水将茶壶内外冲洗干净，注意壶嘴部分是否被茶渣阻塞；清洗时不可用百洁布或清洁剂用力刷洗茶壶，否则将无法达到养壶的目的。

最后，以茶巾将茶壶外表水分擦去，放置阴凉通风处任其风干，再收置于摆放茶具的橱柜中。若闲暇时取壶把玩，只以茶巾稍微擦拭，光泽便易显现，但不要涂抹茶汁，或以油剂擦拭壶身，前者对养壶助益不大，后者有破坏养壶的效果。

第六部分

理论知识试题精选

初级茶艺师理论知识试题精选

◉ 单项选择题（第 1 题～第 132 题。选择一个正确的答案，将相应的字母填入题内的括号中。）

1. 职业道德是（　　）所应遵循的道德原则和规范的总和。

A. 人们在家庭生活中　　B. 人们在职业工作和劳动中

C. 人们在与人交往中　　D. 人们在消费领域中

2. 茶艺师职业道德的基本准则，就是指（　　）。

A. 遵守职业道德原则，热爱茶艺工作，不断提高服务质量

B. 精通业务，不断提高技能水平

C. 努力钻研业务，追求经济效益第一

D. 提高自身修养，实现自我提高

3. 茶艺服务中与品茶客人交流时要（　　）。

A. 态度和蔼、热情友好　　B. 低声说话、缓慢和气

C. 快速回答、简单明了　　　　　　D. 严肃认真、语气平和

4. 最早记载茶为药用的书籍是（　　）。

A.《北苑别录》　　　　　　B.《神农本草》

C.《茶谱》　　　　　　D.《茶经》

5.（　　）饮用茶叶主要是散茶。

A. 明代　　　　　　B. 宋代

C. 唐代　　　　　　D. 汉代

6. 清代茶叶已齐全（　　）。

A. 三大茶类　　　　　　B. 四大茶类

C. 五大茶类　　　　　　D. 六大茶类

7. 唐代茶叶的种类有（　　）。

A. 绿、白、粗、散茶　　　　　　B. 粗、散、末、饼茶

C. 团、粒、末、饼茶　　　　　　D. 黄、粒、粗、散茶

8. 宋代（　　）的产地是当时的福建建安。

A. 龙井茶　　　　　　B. 武夷茶

C. 蜡面茶　　　　　　D. 北苑贡茶

9. 宋徽宗赵佶写有一部茶书，名为（　　）。

A.《北苑别录》　　　　　　B.《大观茶论》

C.《茶录》　　　　　　D.《茶疏》

10. 广义茶文化的含义是（　　）。

A. 茶叶的物质与精神财富的总和　　B. 茶叶的物质及经济价值关系

C. 茶叶艺术　　　　　　D. 茶叶经销

11. 狭义茶文化的含义是（　　）。

A. 茶的精神财富　　　　　　B. 茶的物质财富

C. 茶的联谊效应　　　　　　D. 茶的传媒效应

12. 茶艺是（　　）的基础。

A. 茶文　　　　　　B. 茶情

C. 茶道　　D. 茶俗

13. 茶文化的三个主要社会功能是（　　）。

A. 修身、齐家、入仕　　B. 寡欲、清心、廉俭

C. 雅志、敬客、行道　　D. 益思、明目、健身

14. 茶树性喜温暖、（　　），对纬度的要求南纬 45°与北纬 38°间都可以种植。

A. 干燥　　B. 潮湿

C. 水湿　　D. 湿润

15. 茶树扦插繁殖后代的意义是能充分保持母株的（　　）。

A. 早生早采的特性　　B. 晚生迟采的特性

C. 高产和优质的特性　　D. 性状和特性

16. 茶树性喜温暖、湿润，通常气温在（　　）之间最适宜生长。

A. 10～18℃　　B. 18～25℃

C. 25～30℃　　D. 30～35℃

17. 基本茶类分为不发酵的（　　）、全发酵的红茶类、半发酵的青茶类、部分发酵的白茶类、部分发酵的黄茶类及后发酵的黑茶类，共六大类。

A. 绿茶类　　B. 花茶类

C. 普洱茶　　D. 苦丁茶

18. 审评红、绿、黄、白毛茶的审评杯碗规格，杯容量（　　）。

A. 180 ml　　B. 200 ml

C. 220 ml　　D. 160 ml

19. 红茶的呈味物质，茶褐素是使（　　），它的含量增多对品质不利。

A. 茶汤发红，叶底暗褐　　B. 茶汤红亮，叶底暗褐

C. 茶汤发暗，叶底暗褐　　D. 茶汤发红，叶底红亮

20. 审评茶叶应包括外形与内质两个项目。但在评比时大部分茶都比较注重（　　）两因子。

A. 香气与滋味　　B. 香气与汤色

C. 香气与叶底　　D. 滋味与汤色

21. 乌龙茶审评的杯碗规格，杯呈倒钟形，高 52 mm，容量（ ）。

A. 95 ml　　B. 100 ml

C. 105 ml　　D. 110 ml

22. 防止茶叶陈化变质，应避免存放时间太长，水分含量过高，避免（ ）和阳光直射。

A. 高温干燥　　B. 低温干燥

C. 高温高湿　　D. 低温低湿

23. 引发茶叶变质的主要因素有（ ）等。

A. CO_2　　B. 氮气

C. 氧气　　D. 氦气

24. 茶叶保存应注意水分的控制，当茶叶水分含量超过（ ）时，就会加速茶叶的变质。

A. 5%　　B. 6%

C. 7%　　D. 4%

25. 茶叶保存应注意光线照射，因为光线可加速各种（ ），对茶叶储存极为不利。

A. 化学反应　　B. 物理反应

C. 分解反应　　D. 脂质反应

26. 茶叶的保存应注意氧气的控制，（ ）的氧化及茶黄素，茶红素的氧化聚合都和氧气有关。

A. 维生素 B　　B. 维生素 C

C. 维生素 A　　D. 维生素 D

27. 青花瓷是在（ ）上缀以青色文饰，清丽恬静，既典雅又丰富。

A. 玻璃　　B. 黑釉瓷

C. 白瓷　　D. 青瓷

28. 景瓷宜陶是（ ）茶具的代表。

A. 宋代　　B. 元代

C. 明代　　D. 现代

29. （　　）又称“三才碗”，一式三件，下有托，中有碗，上置盖。

A. 紫砂壶　　B. 盖碗

C. 兔毫盏　　D. 茶盅

30. （　　）具有泡茶不失原味，色香味皆韵，茶叶不易霉馊质的优点。

A. 紫砂壶　　B. 玻璃壶

C. 白瓷壶　　D. 黑釉壶

31. 瓷器茶具按色泽不同可分为（　　）茶具等。

A. 白瓷、彩瓷和黑瓷　　B. 白瓷、青瓷和彩瓷

C. 白瓷、青瓷和黑瓷　　D. 白瓷、彩瓷和黄瓷

32. （　　）瓷器素有“薄如纸，白如玉，明如镜，声如磬”的美誉。

A. 福建德化　　B. 湖南长沙

C. 浙江龙泉　　D. 江西景德镇

33. 玻璃茶具的特点是（　　），光泽夺目，但易破碎，易烫手。

A. 保温性强　　B. 质地透明

C. 质地坚硬　　D. 可塑性差

34. 密封、防潮、防氧化、防光、防异味是（　　）的优点。

A. 陶土茶具　　B. 漆器茶具

C. 玻璃茶具　　D. 金属茶具

35. （　　）是用来从茶叶罐中盛取干茶的器具，并用于欣赏干茶的外形及茶香。

A. 茶托　　B. 茶则

C. 茶海　　D. 茶盅

36. （　　）是用于中和茶汤，使之浓淡均匀。

A. 茶荷　　B. 茶海

C. 茶壶　　D. 茶通

37. 当下列水中（　　）是称为硬水。

A. pb^{2+}、Cu^{2+} 的含量大于 8mg/L

B. K^{+}、Cl^{-} 的含量大于 8mg/L

C. Ca^{2+}、Mg^{2+} 的含量大于 8mg/L

D. Co^{2+}、Rn 的含量大于 8mg/L

38. 凡是不含有（　）的水，称为软水。

A. Cu^{2+}、Al^{3+}　　B. Fe^{2+}、Fe^{3+}

C. Ca^{2+}、Mg^{2+}　　D. Cl^{-}、SO_4^{2-}

39. 古人对泡茶水温十分讲究，认为“水老”，茶汤品质（　）。

A. 新鲜度下降　　B. 新鲜度提高

C. 鲜爽味提高　　D. 鲜爽味减弱

40. 80℃水温比较适宜冲泡（　）茶叶。

A. 白茶　　B. 花茶

C. 沱茶　　D. 绿茶

41. 泡饮红茶一般用（　）的水冲泡。

A. 75℃　　B. 80℃

C. 90℃　　D. 100℃

42. 泡饮乌龙茶必须用（　）以上的水冲泡。

A. 75℃　　B. 80℃

C. 95℃　　D. 100℃

43. 冲泡普洱茶一般用（　）以上的水温冲泡。

A. 80℃　　B. 85℃

C. 90℃　　D. 95℃

44. 下列（　）井水，水质较差，不适宜泡茶。

A. 柳毅井　　B. 文君井

C. 城内井　　D. 薛涛井

45. 用经过氯化处理自来水泡茶，茶汤品质（　）。

A. 汤味变淡　　B. 香气变淡

C. 汤味带咸　　D. 汤色变暗

46.（　）是大众首选的自来水软化的方法。

A. 过滤离心　　B. 无氨蒸馏

C. 磁化处理　　D. 静置煮沸

47. 通常泡茶用水的总硬度不超过（　）。

A. 25°G　　B. 30°G

C. 35°G　　D. 45°G

48. 泡茶用水要求 pH 值（　）。

A. ＜5　　B. ＜6

C. ＜7　　D. ＜8

49. 泡茶用水要求水的浑浊度不得超过（　），不含肉眼可见悬浮微粒。

A. 3P　　B. 4P

C. 5P　　D. 6P

50. 城市茶艺馆泡茶用水可选择（　）。

A. 雨水　　B. 雪水

C. 井水　　D. 纯净水

51. 判断好茶的客观标准从茶叶的条索外形来看，最好要具备（　）。

A. 色泽、香气一致　　B. 色泽、大小、长短都要一致

C. 大小匀整、香气浓郁　　D. 滋味、香气一致

52. 在茶艺演示冲泡茶叶过程中的基本程序是：备器、煮水、备茶、温壶（杯）、置茶、（　）、奉茶、收具。

A. 高冲水　　B. 分茶

C. 冲泡　　D. 淋壶

53. 在冲泡茶的基本程序中煮水的环节讲究（　）。

A. 不同茶叶品种所需水温不同

B. 不同茶叶外形煮水温度不同

C. 根据不同的茶具选择不同煮水器皿

D. 不同的茶叶品种所需时间不同

54. 冲泡茶的过程中，在以下（　　）动作体现茶艺师借用形体动作传递对宾客的敬意。

A. 双手奉茶　　B. 高冲水

C. 温润泡　　D. 温壶

55. 人们在日常生活中，从（　　）的上升是生理上需要到精神上满足的上升。

A. 喝茶到品茶　　B. 以茶代酒

C. 将茶列为开门七件事之一　　D. 喝茶到喝调味茶

56. 在味觉的感受中，舌头各部位的味蕾对不同滋味的感受不一样，（　　）易感受苦味。

A. 舌尖　　B. 舌心

C. 舌根　　D. 舌两侧

57. 冲泡绿茶时，通常一只容量为 100～150 mL 的玻璃杯，投茶量为（　　）。

A. 1～2 g　　B. 1～1.5 g

C. 2～3 g　　D. 3～4 g

58. 在冲泡条索松散的武夷水仙乌龙茶时，投干茶用量以（　　）。

A. 喝茶人的多少来定

B. 壶的二三成满

C. 壶容积的八成满为宜

D. 喝茶人的口味为主要的投茶依据，没有其他的要领

59. 由于乌龙茶制作时选用的是较成熟的芽叶做原料，属半发酵茶，冲泡时需用（　　）的沸水。

A. 70～80℃　　B. 90℃左右

C. 95℃以上　　D. 80～90℃

60. 茶叶中的咖啡碱不具有（　　）作用。

A. 兴奋　　B. 利尿

C. 强心　　D. 抗氧化

61. 茶叶中的（　　）具有降血脂、降血糖、降血压的药理作用。

A. 氨基酸　　B. 茶多酚

C. 叶绿素　　D. 氟化物

62. 茶叶中的多酚类物质主要是由（　　）、黄酮类化合物、花青素和酚酸组成。

A. 儿茶素　　B. 氨基酸

C. 咖啡碱　　D. 维生素

63. 不同种类的茶叶中维生素含量最高的茶类是（　　）。

A. 乌龙茶　　B. 红茶

C. 绿茶　　D. 黑茶

64. 科学饮茶的基本要求中，正确选择茶叶包括根据（　　）等方面进行选择。

A. 季节、气候和包装　　B. 季节、气候和体质

C. 季节、气候和价格　　D. 季节、气候和器具

65.（　　）是指在无任何污染的茶叶的茶叶产地，按有机农业生产体系和方法生产出的鲜叶原料，在加工、包装、储运过程中不受任何化学污染，并经有机茶认证机构审查颁证的茶叶。

A. 无公害茶　　B. 绿色食品茶

C. 天然有机茶　　D. 大宗茶

66. 下列（　　）属于茶叶国家强制性标准的内容。

A. 营养食品标签　　B. 产品质量标准

C. 包装标识标准　　D. 内销茶叶标准

67. 下列（　　）标准是与茶叶关系密切的国家强制性标准。

A. GB 113432—92《特殊营养食品标签》

B. DB 33/160—92《珠茶》

C. Q/35NDC. 001—92《银毫》

D. D/GX06—87《黄山毛峰》

68. 毛茶标准样是（　　）的质量标准。

A. 茶叶产品　　B. 产品检验

C. 交接验收　　D. 收购毛茶

69. 《茶叶卫生标准》规定茶叶中（　　）的含量不能超过 0.2 mg/kg。

A. DDT　　B. 敌敌畏

C. 甲胺磷　　D. 杀螟硫磷

70. 关于劳动者权利表述错误的是（　　）。

A. 取得劳动报酬的权利　　B. 劳动者有权不服从工作安排

C. 享有平等就业和选择职业的权利　　D. 获得劳动安全卫生保护的权利

71. 在《劳动法》中对劳动者最基本的素质要求是（　　）。

A. 劳动者的认真工作　　B. 劳动者应当完成劳动任务

C. 劳动者不断提高技能　　D. 满足工作要求

72. 在茶馆营业中，以下（　　）现象不符合《食品卫生法》的卫生要求。

A. 用开水烫洗茶杯　　B. 用过滤器过滤泡茶用水

C. 用手直接将茶点装盘　　D. 茶艺师每年参加健康体检

73. 经营单位取得（　　）后，向工商行政管理部门申请登记，办理营业执照。

A. 卫生许可证　　B. 商标注册

C. 税务登记　　D. 经营许可

74. 在茶艺表演时茶艺师的站姿，下列（　　）的姿态是不正确的。

A. 双脚呈“丁”字步　　B. 目观下垂，嘴微闭，面带微笑

C. 双手在体前交叉　　D. 收腹挺胸提臀

75. 当茶艺师坐着泡茶时，以下（　　）姿势是正确的。

A. 双膝分开　　B. 塌腰放松

C. 斜肩　　D. 挺胸收腹

76. 茶艺师着长裙在服务或茶艺表演时，下列（　　）姿势是错误的。

A. 在行走中可以步幅稍大些

B. 在转动时，注意调整头、胸、髋三轴的角度

C. 在营业场所轻快小跑

D. 站立时两手合握于腰部

77. 茶艺师着短裙在服务时，下列（　　）姿势是错误的。

A. 行动时步幅不宜大　　B. 坐时将两膝张开

C. 两手臂自然摆动　　D. 步幅轻盈

78. 为体现礼节，茶艺师在服务中要注意“三轻”，即（　　）。

A. 问候轻、迎客轻、送客轻

B. 点茶轻、泡茶轻、奉茶轻

C. 说话轻、走路轻、操作轻

D. 与宾客交谈轻、与同事交流轻、行为举止轻

79. 在与宾客服务交流时，下列（　　）的现象是错误的。

A. 注意语言简练，突出中心　　B. 注意力不集中，插话的频率高

C. 关注顾客的需求，做到主动服务　　D. 注意语言的准确和恰当

80. 接待准备工作是茶艺馆为宾客提供优质服务的前提，包括环境的准备、用具的准备、（　　）三个方面。

A. 茶艺师服装的设计　　B. 人员的分工

C. 人员职责的明确　　D. 人员的准备

81. 为营造品茶氛围，品茶环境布置的基本格调讲求：（　　）。

A. “华贵、精致”　　B. “幽、净、雅、洁”

C. “古典、华丽”　　D. “文化、高贵”

82. 在乌龙茶茶具的准备中，主泡器包含茶船、壶承、紫砂壶、盖置、壶垫、茶海、闻香杯、（　　）、杯托。

A. 随手泡　　B. 茶巾

C. 温度计　　D. 品茗杯

83. 用玻璃杯用具泡茶的准备中，主泡器包含玻璃杯、（　　）。

A. 随手泡　　B. 茶巾

C. 茶船　　D. 茶荷

84. 在茶艺馆的服务中要求服务人员有良好的文化素质、丰富的茶叶知识，以

及专业的泡茶技巧，（　　）也非常重要。

A. 长相、身材　　B. 手的修长

C. 头发长短　　D. 个人的仪容、仪表

85. 茶艺馆的接待程序主要有迎宾、（　　）、泡茶、结账收款。

A. 说明消费　　B. 引导客人入座

C. 递送茶单　　D. 泡迎客茶

86. 在茶馆的营业中，有专人在门口进行迎宾，主要根据（　　），引导宾客到适当的位置，要向宾客介绍单间是免费还是收费及收费定价，打不打折。

A. 客人的着装　　B. 客人的身份

C. 来客的人数　　D. 客人的主观意愿

87. 茶艺馆经理的主要职责有（　　）。

A. 负责当班员工的考勤

B. 抓成本控制，严格堵塞偷拿、浪费等漏洞

C. 将宾客平均分配到不同的区域，平衡工作量

D. 核查账单，保证在宾客结账前账目准确

88. 下列（　　）职责不属于茶艺馆迎宾员的主要职责。

A. 通知区域领班或服务员，及时送上茶单及其他服务

B. 根据宾客的要求准备不同的茶叶及沏茶用具

C. 帮助宾客存放衣帽雨伞等物品

D. 在茶馆进口处，礼貌地迎接宾客，引领到适当坐位，拉椅让座

89. 茶艺馆领班的主要职责是（　　）。

A. 接受经理指派的工作，全权负责本区域的服务工作

B. 帮助宾客存放衣帽雨伞等物品

C. 每天负责准备好充足的货品及用品

D. 随时留意宾客的动静，以便提供主动服务

90. 洞庭碧螺春的外形特征是（　　）。

A. 纤细如针　　B. 卷曲如螺

C. 扁平光滑　　D. 曲卷多毫

91. 安溪铁观音的品质特点：冲泡后，香气馥郁持久，有（　　）之誉。

A. 四泡有余香　　B. 五泡有余香

C. 六泡留余香　　D. 七泡留余香

92. 干看春绿茶的品质特点是色泽（　　），茶叶肥壮重实，或有较多白毫。

A. 绿润　　B. 油润

C. 乌润　　D. 红润

93. 干看春红茶的品质特点是色泽乌润，茶叶肥壮重，或有（　　）。

A. 密披茸毛　　B. 稍带白毫

C. 较多白毫　　D. 略显茸毛

94. 湿看春绿茶的品质特点是茶叶冲泡后下沉快，叶底（　　）。

A. 柔软而薄　　B. 粗老花杂

C. 欠匀而轻飘　　D. 柔软厚实

95. 湿看夏绿茶的品质特点是茶叶冲泡后，叶底中夹杂（　　）芽叶。

A. 青绿色　　B. 黄绿色

C. 铜绿色　　D. 暗绿色

96. 从滋味判断新、陈茶差别，陈茶即使保管良好，也会出现（　　）之感。

A. 色枯、香沉、味平　　B. 枯黄、香低、味淡

C. 色暗、香沉、味薄　　D. 枯黄、香清、味醇

97. 识别高山茶与平地茶，平地茶的外形条索（　　）。

A. 紧结，身骨较重实　　B. 壮粗，身骨重实

C. 软散，身骨轻飘　　D. 细瘦，身骨较轻

98. 泡茶的水温应因茶类而异，普通红茶、花茶和绿茶，可用滚沸不久的（　　）左右的水冲泡。

A. 100℃　　B. 80℃

C. 90℃　　D. 70℃

99. 玻璃杯冲泡绿茶，执开水壶以“凤凰三点头”高冲注水，使茶杯中茶叶

（　　），有助于茶汤浓度达到上下一致。

A. 充分吸湿　　B. 上下翻滚

C. 飘浮水面　　D. 快速下沉

100. 演示冲泡绿茶时，取茶匙将茶荷中的茶叶一一拨入茶杯中待泡，每50 ml容量用茶（　　）g。

A. 4　　B. 3

C. 2　　D. 1

101. 绿茶温润泡时，用80～85℃水温，注水量为茶杯容量的1/4左右，冲泡时间掌握在（　　）s以内。

A. 5　　B. 20

C. 30　　D. 15

102. 冲泡绿茶演示中的洁具，将玻璃杯一字摆开，依次倾入（　　）杯的开水，从左到右依次净杯。

A. 1/2　　B. 1/3

C. 1/4　　D. 1/5

103. 当今红茶的调饮泡法，比较常见的是在茶汤中加入（　　）等。

A. 牛奶和糖　　B. 果汁和糖

C. 可乐和糖　　D. 啤酒和糖

104. 清饮红茶用杯泡法置茶时，用茶匙将茶叶依次拨入茶杯中，每（　　）ml左右水容量需要1 g干茶。

A. 30　　B. 40

C. 50　　D. 60

105. 潮汕工夫茶冲水时用开水壶向碗中冲入沸水，水柱从高处（　　）。

A. 直冲而入　　B. 先慢后快入

C. 慢冲而入　　D. 点冲而入

106. 潮汕工夫茶冲泡时，茶承是用来（　　）的工具。

A. 陈放盖碗和品杯　　B. 储积茶渣和废水

C. 用来烫杯和洁具　　　　D. 陈放茶叶和茶具

107. 福建工夫茶冲泡的全部器具包括（　　）。

A. 紫砂小壶、品杯、茶船（茶洗）、烧水炉具、茶叶罐、茶荷、茶夹、茶则、茶匙、茶巾

B. 紫砂小壶、品杯、茶船（茶洗）、烧水炉具、茶叶罐、茶荷、茶夹、茶则、茶匙、茶巾、水盂

C. 紫砂小壶、品杯、茶船（茶洗）、烧水炉具、茶叶罐

D. 紫砂小壶、品杯、茶船（茶洗）

108. 福建工夫茶冲泡过程中，洗杯时用沸开水注入品杯后，用茶夹夹住杯壁，向内摇晃数下，将烫杯水倒入（　　）。

A. 水桶　　　　B. 面盆

C. 水缸　　　　D. 水盂

109. 福建工夫茶的冲泡程序为（　　）。

A. 备具、洁具、赏茶、置茶、温润泡

B. 备具、赏茶、洁茶、置茶、温润泡、正式冲泡

C. 备具、洁具、赏茶、置茶、温润泡、淋壶、正式冲泡

D. 备具、洁具、赏茶、置茶、温润泡、正式冲泡、淋壶、洗杯、斟茶、奉茶

110. 台湾乌龙茶冲泡时，紫砂壶根据品茶人数，容量适宜选择（　　）。

A. 一人壶、三人壶　　　　B. 二人壶、四人壶

C. 三人壶、五人壶　　　　D. 更大容量的茶壶

111. 台湾乌龙茶冲泡时，温壶烫盏是将开水注入紫砂壶和（　　）中，持壶摇晃数下，以巡回往复的方式注入闻香杯和品茗杯中。

A. 公道杯　　　　B. 品茗杯

C. 玻璃杯　　　　D. 闻香杯

112. 台湾乌龙茶冲泡中，滤茶时，将滤网置于公道杯上，将壶中浸泡约（　　）min 的茶汤通过滤网倒入公道杯中。

A. 1　　B. 2

C. 3　　D. 4

113. 台湾乌龙茶冲泡中，斟茶要执公道杯将茶汤斟入（　）为止。

A. 品茗杯至七成满　　B. 闻香杯至八成满

C. 品茗杯至六成满　　D. 闻香杯至七成满

114. 清饮红茶品饮时，重在领略它的（　）。

A. 香气和滋味　　B. 醇香和汤色

C. 汤色和叶底　　D. 醇香和浓鲜

115. 味红茶品饮时，即使在茶汤中加入多种调料，尤其是一些（　），香气和滋味是不会轻易被混淆的。

A. 小叶种红茶　　B. 大叶种红茶

C. 名优红茶　　D. 进口红茶

116. 乌龙茶品饮时，强调热饮，即冲泡即品饮，因（　），故饮后杯中仍有余香。

A. 杯深、香高、热烫　　B. 杯高、香清、汤热

C. 杯小、香浓、汤热　　D. 杯厚、香长、汤烫

117. 品饮台湾乌龙茶时，将泡好的茶汤首先倒入（　）。

A. 公道杯中　　B. 品杯中

C. 闻香杯中　　D. 玻璃杯中

118. 白茶品饮中，冲泡开始时，茶叶都浮在水面，经（　）后，才有部分茶芽沉落杯底。

A. 十几分钟　　B. 五六分钟

C. 七八分钟　　D. 二三分钟

119. 花茶品饮在冲泡 3 min 后，左手端杯，右手拇指和中指捏住盖钮，向内翻转碗盖，（　）。

A. 品滋味　　B. 赏茶型

C. 闻盖香　　D. 观汤色

120. 红茶的保健功效主要有：(　　)、利尿、抗衰老、延年益寿等作用。

A. 强胃　　B. 健脾

C. 补肺　　D. 强肾

121. 不同慢性疾病者选择不同茶饮，高胆固醇、动脉硬化者可饮（　　）。

A. 乌龙茶、绿茶和白茶　　B. 普洱茶、绿茶和白茶

C. 红茶、绿茶和白茶　　D. 乌龙茶、普洱茶和白茶

122. 冬天适宜选饮红茶，因为红茶的热性（　　）。

A. 比青茶强　　B. 比绿茶差

C. 比绿茶强　　D. 适中

123. 冬季严寒最适选饮青茶，青茶味微甘、性温、（　　）。

A. 寒性强　　B. 温和适中

C. 热性强　　D. 醇厚鲜爽

124. 寒冬到来宜饮（　　）。

A. 珠兰花茶　　B. 玫瑰花茶

C. 菊花茶　　D. 桂花茶

125. 茶的起源，传说是（　　）尝百草，得茶解毒。

A. 神农　　B. 伏曦

C. 尧舜　　D. 吴理真禅师

126. 斗茶起源于（　　）。

A. 汉朝　　B. 唐朝

C. 宋朝　　D. 元朝

127. 茶艺师要把握时机进行导购推销，下列选项中，（　　）不属于最佳时机。

A. 顾客产生兴趣时　　B. 顾客提出要求时

C. 茶艺馆来客较多，茶价适宜时　　D. 顾客消费后，准备离开时

128. 推销业务交往中递交名片，宜在（　　）或对方有此要求时进行。

A. 自我介绍　　B. 现场服务

C. 离别时刻　　D. 交谈过程中

129. 茶艺师导购中推介商品和服务时，可采取（　　）。

A. 先为顾客展示最高级的茶品，使顾客加深印象

B. 为顾客讲解茶艺服务哲理，激发其对茶叶商品的兴趣

C. 多上一些品种，便于顾客比较选择

D. 为顾客讲解茶叶商品的使用方法，并让顾客明确其物有所值

130. 为顾客上完最后一道茶后，应（　　）。

A. 双手将账单递给顾客　　B. 做结账准备

C. 为乘车的顾客提前叫车　　D. 做撤台准备

131. 茶叶储存的条件是：低温、干燥、无氧气、（　　）、无异味。

A. 透气　　B. 光照

C. 日晒　　D. 不透明

132. 养壶的不正确做法是（　　）。

A. 经常泡茶，使用后清洁，再把壶表水分擦去，风干

B. 把壶泡在茶汤中，或经常在壶表涂抹茶汁

C. 把茶汤持续浸放在壶中，并经常以油剂擦拭壶身

D. 经常使用养壶机

◉ 判断题（第 133 题～第 209 题。将判断结果填入括号中，正确的填“√”，错误的填“×”。）

133.（　　）职业道德品质，是人们在长期的职业实践中，逐步形成的职业观念，职业良心和职业自豪感等。

134.（　　）遵守职业道德的必要性和作用，体现在促进个人道德修养的提高，与促进行风建设无关。

135.（　　）理论联系实际不属于培养职业道德修养的主要途径。

136.（　　）尽心尽职具体体现在茶艺服务中充分发挥主观能动性，用自己最大的努力尽到自己的职业责任。

137.（　　）真诚守信是一种社会公德，它的基本作用是提高技术水平和竞

争力。

138.（　　）钻研业务、精益求精具体体现在茶艺师不但要主动、热情、耐心、周到地接待品茶客人，而且必须熟练掌握对不同茶品的沏泡方法。

139.（　　）世界上第一部茶书的书名是《茶谱》。

140.（　　）世界上第一部茶书的作者是熊蕃。

141.（　　）唐代饮茶盛行的主要原因是社会鼎盛。

142.（　　）宋代斗茶的主要内容是看茶色、汤花。

143.（　　）宋代饮茶方法主要是煮茶。

144.（　　）乌龙工夫茶的品饮艺术起源于宋代。

145.（　　）茶道精神是茶文化的核心。

146.（　　）时兴乌龙茶艺的地点是沪苏和京津。

147.（　　）茶树是属于强酸性作物，pH 值在 3.0 以内时，仍保持有经济生产能力。

148.（　　）乌龙茶属青茶类，为半发酵茶，其茶叶呈深绿或青褐色，茶汤呈蜜绿或蜜黄色。

149.（　　）制作乌龙茶对鲜叶的采摘一叶一芽，大都为对口叶，芽叶已成熟。

150.（　　）红、绿、乌三大茶类的香气主要特点是红茶清香，绿茶花香，乌龙茶甜香。

151.（　　）茶叶的保存应注意温度的控制，温度越高茶叶品质的变化越快。

152.（　　）哥窑瓷胎薄质，釉层饱满，釉面显现纹片，纹片形状多样。

153.（　　）历史上第一个留下名字的壶艺家供春的代表作品是树瘤壶。

154.（　　）时大彬现代最著名的紫砂壶大师，被尊称为“壶艺泰斗”。

155.（　　）要泡好一杯茶，需要掌握的要点有：选茶、择水、备器、冲泡、品尝。

156.（　　）陆羽《茶经》指出：“其水，用山水上，江水中，井水下，其山水，拣乳泉石池漫流者上”。

157.（　　）茶馆接待宾客，在泡茶前选择茶具时主要看喝茶人的要求。

158.（　　）在冲泡茶的基本程序中，温壶（杯）的主要目的是为了提高茶具的温度。

159.（　　）在各种茶叶的冲泡程序中，茶叶的品种、水温和茶叶的浸泡时间是冲泡技巧中的三个基本要素。

160.（　　）在茶叶不同类型的滋味中，清鲜型的代表茶是碧螺春，蒙顶甘露，南京雨花茶等。

161.（　　）一般在冲泡乌龙茶时，第一泡浸泡 1 min 左右将茶汤与茶分离，从第二泡的时间为 75s，以此递增。

162.（　　）茶叶中主要药用成分有咖啡碱、茶多酚、氨基酸、维生素、矿物质等。

163.（　　）茶叶中的维生素 A，维生素 E，维生素 K 属于脂溶性维生素。

164.（　　）按照国家卫生标准规定，天然有机茶中的六六六、滴滴涕残留量不得高于 0.05 mg/kg。

165.（　　）“茶醉”时可以通过喝糖水，吃水果等方法来缓解。

166.（　　）贸易标准样是对外贸易成交计价和货物交接的实物依据。

167.（　　）按照标准的管理权限，《茉莉花茶》标准属于行业标准。

168.（　　）红、绿茶卫生标准规定重金属指标中，铅含量的指标含为 2 ppm。

169.（　　）《食品卫生法》主要涉及食品卫生的监督。

170.（　　）在顾客消费结束买单时，茶艺师说明消费细则是符合《消费者权益保护法》的。

171.（　　）女茶艺师泡茶时，为使手型达到修长的效果要求留长指甲。

172.（　　）茶艺师在置茶时，为了看清投茶量，把头低下来往壶内看的举止是不优雅的。

173.（　　）茶艺师着旗袍在服务中行走时，要求两手臂在身体两侧自然摆动，幅度不宜过大。

174.（　）茶艺师在工作中礼节具体体现在语言上的礼节和服饰上的礼节。

175.（　）在日常营业中为营造品茶环境，要求服务员点香、播放音乐，营造优雅和平静的氛围。

176.（　）在茶艺馆营业前的准备中，要求茶艺师化淡妆，可以使用檀香型香水。

177.（　）一般要求茶艺馆服务人员的工作服以长裙为主。

178.（　）茶艺馆的岗位一般设有经理、领班、迎宾员、茶艺师、服务员等。

179.（　）茶艺馆茶艺师的主要职责有泡茶时要认真地按照茶艺方法和步骤进行沏泡。

180.（　）弘扬中国茶文化，振兴中国茶业经济是茶艺馆的经营宗旨。

181.（　）茶艺馆要求从业人员能做简单的茶艺表演即可。

182.（　）绿茶根据杀青和干燥方式不同，可分为晒青绿茶、烘青绿茶和炒青绿茶等。

183.（　）擂茶在宋代时的名称叫米粥。

184.（　）蒙顶甘露的品质特点：外形紧卷多毫，香气馥郁芬芳，滋味鲜爽回甘。

185.（　）普洱茶散茶的品质特点是散茶条索粗壮肥大、色泽褐红。

186.（　）江河湖水泡茶，在远离人烟的地方取水，污染物少，仍不是沏茶的好水。

187.（　）今人泡茶用软水，因为软水中茶叶有效成分溶解度高，故茶味浓。

188.（　）泡茶用水量应因茶类而异，一般来说，红茶、绿茶、花茶类每 g 茶叶以冲泡 50～60 ml 沸水为好。

189.（　）泡茶时冲泡器具选择，如饮用乌龙茶、则重在“啜”，宜用玻璃杯来泡茶。

190.（　）用盖碗冲泡绿茶时，冲入开水后，应迅速将碗盖斜盖在碗上，使盖沿与碗间留一空隙。

191.（ ）清饮红茶用壶泡法时，置茶要根据壶的大小，每 60 ml 左右水容量需要干茶 1 g。

192.（ ）潮汕工夫茶主要冲泡器具中，品杯多选薄胎黑瓷小杯，只有乒乓球一半大。

193.（ ）冲泡潮汕工夫茶，斟茶时，在一字排开的品杯中来回轮转，通常反复二三次才将茶杯斟满。

194.（ ）台湾乌龙茶的冲泡程序是备具、温壶烫盏、赏茶、置茶、温润泡、正式冲泡、刮沫、淋壶、洗杯、滤茶、斟茶、奉茶、品茶。

195.（ ）白茶冲泡的主要器具，有无刻花直筒形透明玻璃杯、杯托、茶叶缸、茶匙、赏茶盘、烧水炉具。

196.（ ）黄茶的冲泡器具有透明玻璃杯、杯托、杯盖、赏茶盘、茶叶罐、茶匙、烧水炉具。

197.（ ）冲泡黑茶的器具有茶盘、盖碗、公道壶、小品杯、茶叶罐、茶则、茶针、茶巾和烧水炉具。

198.（ ）花茶冲泡的器具有盖碗、茶叶罐、茶则、烧水炉具等。

199.（ ）绿茶品饮时，品尝头开茶，重在品尝名优绿茶的甘醇和清香。

200.（ ）茶艺师向顾客推荐茶饮时，要根据茶艺馆的经营状况进行推荐。

201.（ ）绿茶由于维生素 B 和茶氨酸的含量比红茶多，因而有利于疏肝解毒、降血压等。

202.（ ）不同年龄的人选择不同茶饮，老人可饮白茶，少年儿童宜饮淡红茶或乌龙茶。

203.（ ）从事不同职业者选择茶饮时，脑力劳动者则以饮红茶、乌龙茶为优。

204.（ ）秋天宜饮用绿茶，是因为绿茶维生素 C 含量高，品质温和适中。

205.（ ）夏暑宜饮白茶，因白茶加工时，是在自然环境中直接晾干，不炒不揉。

206.（　　）茶艺师与顾客行握手礼时，不得轻易以自己的左手与他人相握。

207.（　　）茶艺师在一般现场服务作自我介绍时，应介绍自己的姓名和职务。

208.（　　）茶艺师在导购推销时，有效争取顾客，要做到观察顾客的反应，揣摩其心理活动。

209.（　　）家庭储存茶叶，较妥当的做法是常用茶叶罐宜小不宜大。

初级茶艺师理论知识试题精选答案

◉ **单项选择题**

1. B	2. A	3. A	4. B	5. A	6. D	7. B	8. D
9. B	10. A	11. A	12. C	13. C	14. D	15. D	16. B
17. A	18. B	19. C	20. A	21. B	22. C	23. C	24. A
25. A	26. B	27. D	28. C	29. B	30. A	31. C	32. D
33. B	34. D	35. B	36. B	37. C	38. C	39. D	40. D
41. C	42. C	43. D	44. C	45. B	46. D	47. A	48. A
49. C	50. D	51. B	52. C	53. A	54. A	55. A	56. C
57. C	58. C	59. C	60. D	61. B	62. A	63. C	64. B
65. C	66. C	67. A	68. D	69. A	70. B	71. B	72. C
73. A	74. B	75. D	76. C	77. B	78. C	79. B	80. D
81. B	82. D	83. C	84. D	85. C	86. C	87. B	88. B
89. A	90. B	91. D	92. A	93. C	94. D	95. C	96. C
97. D	98. C	99. B	100. D	101. D	102. B	103. A	104. D
105. A	106. A	107. B	108. D	109. D	110. B	111. A	112. A
113. D	114. A	115. C	116. C	117. C	118. B	119. C	120. A
121. D	122. C	123. C	124. D	125. A	126. B	127. D	128. A
129. C	130. B	131. D	132. A				

◉ **判断题**

133. √	134. ×	135. ×	136. √	137. ×	138. √	139. ×	140. ×
141. √	142. ×	143. ×	144. ×	145. √	146. ×	147. ×	148. √
149. ×	150. ×	151. √	152. √	153. √	154. ×	155. ×	156. √
157. ×	158. √	159. ×	160. √	161. √	162. √	163. √	164. ×
165. √	166. √	167. ×	168. √	169. ×	170. ×	171. ×	172. √
173. √	174. ×	175. √	176. ×	177. ×	178. √	179. √	180. √
181. ×	182. ×	183. ×	184. √	185. √	186. ×	187. √	188. √
189. ×	190. √	191. √	192. ×	193. √	194. √	195. √	196. √
197. √	198. √	199. ×	200. ×	201. ×	202. ×	203. ×	204. √
205. √	206. √	207. ×	208. √	209. √			

第七部分

理论知识考试模拟试卷

初级茶艺师理论知识模拟试卷

职业技能鉴定国家题库

初级茶艺师理论知识试卷

注 意 事 项

1. 考试时间：120 min。
2. 本试卷依据 2002 年颁布的《国家职业标准——茶艺师》命制。
3. 请首先按要求在试卷的标封处填写您的姓名、准考证号和所在单位的名称。
4. 请仔细阅读各种题目的回答要求，在规定的位置填写您的答案。
5. 不要在试卷上乱写乱画，不要在标封区填写无关的内容。

	一	二	总分
得　分			

得　分	
评分人	

一、单项选择题（第 1 题～第 160 题。选择一个正确的答案，将相应的字母填入题内的括号中。每题 0.5 分，满分 80 分。）

1. 职业道德是人们在职业工作和劳动中应遵循的与（　　）紧密相联系的道德原则和规范总和。

A. 法律法规　　B. 文化修养

C. 职业活动　　D. 政策规定

2. 职业道德品质的含义应包括（　　）。

A. 职业观念、职业技能和职业良心

B. 职业良心、职业技能和职业自豪感

C. 职业良心、职业观念和职业自豪感

D. 职业观念、职业服务和受教育的程度

3. 遵守职业道德的必要性和作用，体现在（　　）。

A. 促进茶艺从业人员发展，与提高道德修养无关

B. 促进个人道德修养的提高，与促进行风建设无关

C. 促进行业良好风尚建设，与个人修养无关

D. 促进个人道德修养、行风建设和事业发展

4. 开展道德评价具体体现在茶艺人员之间（　　）。

A. 相互批评和监督　　B. 批评与自我批评

C. 监督和揭发　　D. 学习和攀比

5. 下列选项中不属于尽心尽职具体体现的是（　　）。

A. 尽力使品茶客人感到满意　　B. 尽力发挥主观能动性

C. 尽力宣传表现自己　　D. 尽力完成自己的工作任务

6. 清代茶叶已齐全（　　）。

A. 七大茶类　　B. 两大茶类

C. 六大茶类　　D. 五大茶类

7. 世界上第一部茶书的书名是（　　）。

A.《补茶经》　　B.《续茶谱》

C.《茶经》　　D.《茶录》

8. 社会鼎盛是唐代（　　）的主要原因。

A. 饮酒盛行　　B. 饮茶盛行

C. 斗茶盛行　　D. 斗鸡盛行

9. 煎制饼茶前须经炙、碾、罗工序的是唐代的（　　）。

A. 点茶的技艺　　B. 煎茶的技艺

C. 煮茶的技艺　　D. 炙茶的技艺

10.（　　）茶叶的种类有粗、散、末、饼茶。

A. 汉代　　B. 元代

C. 宋代　　D. 唐代

11. 宋代（　　）的主要内容是看汤色、汤花。

A. 泡茶　　B. 鉴茶

C. 分茶　　D. 斗茶

12. 宋徽宗赵佶写有一部茶书，名为（　　）。

A.《北苑别录》　　B.《大观茶论》

C.《茶录》　　D.《茶疏》

13. 宋代饮茶的主要方法是（　　）。

A. 煮茶　　B. 点茶

C. 泡茶　　D. 庵茶

14. 茶叶的物质与精神财富的总和称为（　　）。

A. 茶文化艺术　　B. 广义茶文化

C. 狭义茶文化　　D. 通俗茶文化

15. 茶的精神财富被称为（　　）。

A. 狭义茶文化　　B. 广义茶文化

C. 市井茶文化　　D. 乡野茶文化

16. 茶道精神是（　　）的核心。

A. 茶礼仪　　B. 茶道德

C. 茶艺术　　D. 茶文化

17. 时兴（　　）的地点是潮汕和漳泉

A. 黑茶茶艺　　B. 茉莉花茶艺

C. 红茶茶艺　　D. 乌龙茶艺

18. 泡茶和饮茶是（　　）的主要内容。

A. 茶道　　B. 茶仪

C. 茶艺　　D. 茶宴

19. 茶艺是（　　）的基础。

A. 茶文　　B. 茶情

C. 茶道　　D. 茶俗

20. 茶文化的三个主要社会功能是（　　）。

A. 修身、齐家、入仕　　B. 寡欲、清心、廉俭

C. 雅志、敬客、行道　　D. 益思、明目、健身

21. 茶树性喜温暖、（　　），对纬度的要求南纬 45°与北纬 38°间都可以种植。

A. 干燥　　B. 潮湿

C. 水湿　　D. 湿润

22. 茶树扦插繁殖后代的意义是能充分保持母株的（　　）。

A. 高产特性　　B. 抗旱特性

C. 性状和特性　　D. 优质与抗虫特性

23. 茶树性喜温暖、（　　），通常气温在 18～25℃之间最适宜生长。

A. 干燥的环境　　B. 湿润的环境

C. 避光的环境　　D. 阴冷的环境

24. 茶树适宜在土质疏松，排水良好的微酸性土壤中生长，以酸碱度 pH 值在（　　）之间为最佳。

A. 6.5～7.5　　B. 5.5～6.5

C. 4.5～5.5　　D. 3.5～4.5

25. 绿茶的发酵度为 0，故属于不发酵茶类。其茶叶颜色翠绿．茶汤（　　）。

A. 橙黄　　B. 橙红

C. 黄绿　　D. 绿黄

26. 乌龙茶属青茶类，为半发酵茶，其茶叶呈深绿或（　　）色，茶汤呈蜜绿或蜜黄色。

A. 褐色　　B. 红褐色

C. 青褐色　　D. 黄褐色

27. 基本茶类分为不发酵的绿茶类和部分发酵的（　　）等，共六大类。

A. 乌龙茶类　　B. 普洱茶

C. 苦丁茶　　D. 白茶类

28. 审评红、绿、黄、白茶的审评杯碗规格，碗容量（　　）。

A. 160 ml　　B. 180 ml

C. 190 ml　　D. 200 ml

29. 红茶的呈味物质，茶褐素是使（　　），它的含量增多对品质不利。

A. 茶汤发红，叶底暗褐　　B. 茶汤红亮，叶底暗褐

C. 茶汤发暗，叶底暗褐　　D. 茶汤发红，叶底红亮

30. 乌龙茶审评的杯碗规格，碗高（　　），容量 110 ml。

A. 60 mm　　B. 55 mm

C. 45 mm　　D. 50 mm

31. 防止茶叶陈化变质，应避免存放时间太长，避免（　　），避免高温高湿和阳光直射。

A. 水分含量不足　　B. 水分含量过高

C. 水分含量适中　　　　　　　　　D. 过分干燥

32. 引发茶叶变质的主要因素有（　　）等。

A. 温度　　　　　　　　　　　　　B. 热气

C. 暖流　　　　　　　　　　　　　D. 寒流

33. 茶叶保存应注意水分的控制，当其水分含量超过5%时，就会（　　）。

A. 增进品质　　　　　　　　　　　B. 提高香气

C. 加速变质　　　　　　　　　　　D. 促进物质转化

34. 茶叶保存应注意光线照射，因为光线能促进植物色素或脂质的（　　）加速茶叶的变质。

A. 分解　　　　　　　　　　　　　B. 化合

C. 还原　　　　　　　　　　　　　D. 氧化

35. 茶叶的保存应注意氧气的控制，维生素C的氧化及茶黄素，（　　）的氧化聚合都和氧气有关。

A. 茶褐素　　　　　　　　　　　　B. 茶色素

C. 叶黄素　　　　　　　　　　　　D. 茶红素

36. （　　）茶具是和其他食物公用木制或陶制的碗，一器多用，没有专用茶具。

A. 原始社会　　　　　　　　　　　B. 西汉时期

C. 三国时期　　　　　　　　　　　D. 战国时期

37. 茶具这一概念最早出现于西汉时期（　　）中“武阳买茶，烹茶尽具”。

A. 王褒《僮约》　　　　　　　　　B. 陆羽《茶经》

C. 王褒《茶经》　　　　　　　　　D. 陆羽《僮约》

38. （　　）五大名窑是官窑、哥窑、汝窑、定窑、钧窑。

A. 宋代　　　　　　　　　　　　　B. 五代

C. 元代　　　　　　　　　　　　　D. 明代

39. 青花瓷是在（　　）上缀以青色文饰、清丽恬静，既典雅又丰富。

A. 白瓷　　　　　　　　　　　　　B. 青瓷

C. 金属　　D. 竹木

40. 泥色多变，耐人寻味，壶经久用，反而光泽美观是（　）优点之一。

A. 紫砂茶具　　B. 竹木茶具

C. 金属茶具　　D. 玻璃茶具

41. （　）瓷器素有“薄如纸，白如玉，明如镜，声如磬”的美誉。

A. 江西景德镇　　B. 河北唐山

C. 浙江余姚　　D. 湖南长沙

42. （　）的特色是在瓷器上施金加彩，宛如钱丝万缕的金丝彩线交织，显示金碧辉煌、雍容华贵的气度。

A. 釉里红　　B. 青花瓷

C. 秘色瓷　　D. 广彩

43. 玻璃茶具的特点是（　），光泽夺目，但易破碎，易烫手。

A. 导热性弱　　B. 容易收藏

C. 保温性强　　D. 质地透明

44. 现代最著名的紫砂壶大师，被尊称为“壶艺泰斗”的是（　）。

A. 许世海　　B. 陈鸣远

C. 顾景洲　　D. 邵大亨

45. 茶荷是用来从茶叶罐中（　）的器具，并用于欣赏干茶的外形及茶香。

A. 均匀茶汤浓度　　B. 盛取干茶

C. 放置茶杯　　D. 储放茶渣

46. 下列水中（　）是属于软水。

A. Cu^{2+}、Al^{3+}的含量小于 8 mg/L

B. Fe^{2+}、Fe^{3+}的含量小于 8 mg/L

C. Zn^{2+}、Mn^{4+}的含量小于 8 mg/L

D. Ca^{2+}、Mg^{2+}的含量小于 8 mg/L

47. 泡饮乌龙茶必须用（　）以上的水冲泡。

A. 80℃　　B. 85℃

C. 90℃　　D. 95℃

48. 95℃以上的水温适宜冲泡（　　）茶叶。

A. 普洱茶　　B. 紧压茶

C. 六安瓜片　　D. 黄山毛峰

49. 下列（　　）井水，水质较差，不适宜泡茶。

A. 柳毅井　　B. 文君井

C. 城内井　　D. 薛涛井

50. 井水属于地下水，当井水受到盐碱地表水污染时，用于泡茶茶汤品质（　　）。

A. 汤色加深，汤味变淡　　B. 汤色加深，汤味变涩

C. 汤色变淡，汤味带咸　　D. 汤色黑褐，汤味苦涩

51. （　　）是大众首选的自来水软化的方法。

A. 活性炭吸收　　B. 静置煮沸

C. 加入明矾　　D. 多次蒸馏

52. 通常泡茶用水的总硬度不超过（　　）。

A. 15°G　　B. 20°G

C. 25°G　　D. 30°G

53. 泡茶用水要求 pH 值（　　）。

A. <2　　B. <4

C. <5　　D. >6

54. 泡茶用水要求水的浑浊度不得超过（　　），不含肉眼可见悬浮微粒。

A. 5°　　B. 15°

C. 20°　　D. 25°

55. 要泡好一壶茶，需要掌握茶艺的（　　）要素。

A. 7　　B. 6

C. 5　　D. 3

56. 判断好茶的客观标准主要从茶叶外形的匀整、色泽、（　　）、净度来看。

A. 滋味　　　　B. 汤色

C. 香气　　　　D. 季节

57. 陆羽《茶经》指出："其水，用山水上，（　　）中，井水下，其山水，拣乳泉石池漫流者上"。

A. 河水　　　　B. 溪水

C. 泉水　　　　D. 江水

58. 在茶艺演示冲泡茶叶过程中的基本程序是：备器、煮水、备茶、温壶（杯）、置茶、（　　）、奉茶、收具。

A. 高冲水　　　　B. 分茶

C. 冲泡　　　　D. 淋壶

59. 在冲泡茶的基本程序中煮水的环节讲究根据茶叶品种不同，所需（　　）不同。

A. 水质　　　　B. 煮水器皿

C. 时间　　　　D. 水温

60. 在茶冲泡的过程中，以下（　　）程序中茶艺师可以借用形体动作传递对宾客的敬意。

A. 置茶　　　　B. 温壶

C. 奉茶　　　　D. 收具

61. 在各种茶叶的冲泡程序中，茶叶的用量、（　　）和茶叶的浸泡时间是冲泡技巧中的三个基本要素。

A. 壶温　　　　B. 水温

C. 水质　　　　D. 水量

62. 在味觉的感受中，舌头各部位的味蕾对不同滋味的感受不一样，（　　）易感受酸味。

A. 舌尖　　　　B. 舌心

C. 舌根　　　　D. 舌两侧

63. 冲泡绿茶时，通常一只容量为 100～150 mL 的玻璃杯，投茶量为（　　）。

A. 1～2 g　　　B. 1～1.5 g

C. 2～3 g　　　D. 3～4 g

64. 由于乌龙茶制作时选用的是较成熟的芽叶做原料，属半发酵茶，冲泡时需用（　　）的沸水。

A. 70～80℃　　　B. 90℃左右

C. 95℃以上　　　D. 80～90℃

65. 在冲泡黄茶和白茶时，通常在冲泡（　　）后才开始品茶。

A. 30～40 s　　　B. 40～50 s

C. 50～75 s　　　D. 90～100 s

66. 茶点大致可以分为干果类、鲜果类、（　　）、西点类、中式点心类五大类。

A. 甜点类　　　B. 糖果类

C. 水果类　　　D. 小吃类

67. 冲泡茶叶和品饮茶汤是茶艺形式的重要表现部分，称为“行茶程序”，共分为三个阶段：（　　）。

A. 备器阶段、冲泡阶段、奉茶阶段

B. 准备阶段、操作阶段、完成阶段

C. 迎宾阶段、茶艺演示阶段、送客阶段

D. 备茶阶段、泡茶阶段、奉茶阶段

68. 茶叶中的（　　）具有降血脂、降血糖、降血压的药理作用。

A. 氨基酸　　　B. 咖啡碱

C. 茶多酚　　　D. 维生素

69. 茶叶中的多酚类物质主要是由（　　）、黄酮类化合物、花青素和酚酸组成。

A. 儿茶素　　　B. 氨基酸

C. 咖啡碱　　　D. 维生素

70. 天然有机茶是指在无任何污染的茶叶的茶叶产地，按有机农业生产体系和方法生产出的鲜叶原料，在加工、包装、储运过程中不受任何化学污染，并经（　　）认证机构审查颁证的茶叶。

A. 绿色食品　　B. 有机茶
C. 茶叶检测　　D. 茶叶出口

71. “茶醉”时可以通过（　　），水果等方法来缓解。
A. 饮酒　　B. 抽烟
C. 吃点心　　D. 喝咖啡

72. 下列（　　）属于茶叶国家强制性标准的内容。
A. 产品质量标准　　B. 加工验收标准
C. 茶叶销售标准　　D. 检验方法标准

73. 毛茶标准样是（　　）的质量标准。
A. 茶叶销售　　B. 加工验收
C. 收购毛茶　　D. 成交计价

74. 红、绿茶卫生标准规定重金属指标中，铅含量的指标为（　　）。
A. ≤2 ppm　　B. ≤5 ppm
C. ≤20 ppm　　D. ≤60 ppm

75. 在《劳动法》中对劳动者最基本的素质要求是（　　）。
A. 劳动者的认真工作　　B. 劳动者应当完成劳动任务
C. 劳动者不断提高技能　　D. 满足工作要求

76.《食品卫生法》的监督机构是（　　）。
A. 国务院卫生行政部门　　B. 卫生防疫部门
C. 卫生厅　　D. 卫生局

77. 以下（　　）现象中，违反了《消费者权益保护法》。
A. 禁止顾客在营业场所吸烟
B. 在消费前向顾客介绍消费细则
C. 依法成立消费者社团
D. 当顾客的物品在营业场所内丢失，茶馆不必承担责任

78. 消费者与经营者发生权益纠纷时可以与经营者协商和解、可以请求消费者协会调解、可以向有关行政部门申诉、（　　）、可向人民法院提起诉讼。

A. 与消费者多方解释、采用赠送、打折等方式解决

B. 消费者索取赔偿

C. 可以提请仲裁机构仲裁

D. 经营方为避免争执，做出退让并给予免单

79. 在茶艺师泡茶时，下列（　　）的举止是得体优雅的。

A. 置茶时，为了看清投茶量，把头低下来往壶内看

B. 为避免身体尽量不要倾斜，将茶罐移到身体正前方取茶

C. 右手泡茶，左手垂直吊在身旁

D. 弯着身体埋头苦干

80. 当茶艺师坐着泡茶时，以下（　　）姿势是正确的。

A. 双膝分开　　B. 塌腰放松

C. 斜肩　　D. 挺胸收腹

81. 茶艺师着长裙在服务或茶艺表演时，下列（　　）姿势是错误的。

A. 当要坐下时，用手整理一下长裙再坐下

B. 走动时提裙小跑

C. 站立时两手合握于腰部或一屈一直

D. 挺胸收腹，保持微笑

82. 在茶艺服务时要取低处物品，下列（　　）姿势是错误的。

A. 下蹲时右脚在前，左脚在后，右小腿垂直于地面，全脚着地

B. 蹲下、弯背、低头

C. 交叉式蹲势时两脚前后靠紧，合力支撑身体

D. 臀部向下，上身稍前倾

83. 茶艺师在工作中礼节具体体现在语言上的礼节和（　　）的礼节。

A. 服饰上　　B. 仪态上

C. 行为举止上　　D. 地域文化上

84. 接待准备工作是茶艺馆为宾客提供优质服务的前提，包括环境的准备、用具的准备、（　　）三个方面。

A. 茶艺师服装的设计　　B. 人员的分工

C. 人员职责的明确　　D. 人员的准备

85. 在日常营业中为营造品茶环境，为达到“净、雅、洁”的效果，下列做法不妥当的是（　　）。

A. 整理茶艺馆内的挂画、插花、陈列品等装饰物

B. 播放进行曲

C. 点香

D. 使光线柔和，空气流通

86. 在乌龙茶茶具的准备中，主泡器包含茶船、壶承、紫砂壶、盖置、壶垫、（　　）、闻香杯、品茗杯、杯托。

A. 茶巾　　B. 茶则

C. 茶海　　D. 随手泡

87. 用玻璃杯用具泡茶的准备中，辅助用具包含：茶荷、茶则、茶匙、茶针、茶漏、茶夹、茶巾、（　　）。

A. 随手泡　　B. 茶船

C. 储茶器　　D. 茶海

88. 用瓷壶用具泡茶准备中，主泡器包含：瓷壶、（　　）、盖置、杯托、茶船。

A. 随手泡　　B. 品茗杯

C. 茶巾　　D. 茶匙

89. 在盖碗用具准备过程中，主泡器包含盖碗、（　　）。

A. 盖托　　B. 茶船

C. 品茗杯　　D. 随手泡

90. 在茶艺馆营业前的准备中，对茶艺师仪表的要求是（　　），不喷洒香水。

A. 化彩妆　　B. 化淡妆

C. 为了保持朴素，不化妆　　D. 一定要将头发盘起

91. 在茶艺馆的服务中要求服务人员有良好的文化素质、丰富的茶叶知识、以

及专业的泡茶技巧，（ ）也非常重要。

A. 长相、身材　　B. 手的修长

C. 头发长短　　D. 个人的仪容、仪表

92. 一般要求茶艺馆服务人员营业时（ ）。

A. 按要求着装，保持洁净、整齐　　B. 自备服装

C. 必须穿旗袍　　D. 着干净、整洁的便装

93. 在茶馆的营业中，有专人在门口进行迎宾，主要根据来客的人数，引导宾客到（ ），要向宾客介绍单间是免费还是收费及收费定价，打不打折。

A. 单间　　B. 适当的位置

C. 大厅　　D. 空位入座

94. 当宾客入座后，服务员将茶单主动交给宾客，并适时为宾客介绍（ ），由宾客自己选定。

A. 茶具　　B. 茶叶

C. 泡茶方法　　D. 品饮方法

95. 茶艺馆的岗位一般设有（ ）。

A. 经理、领班、迎宾员、茶艺师、服务员

B. 迎宾员、服务员、茶艺师、茶艺员

C. 经理、主管、领班、服务员、杂工

D. 经理、主管、领班、茶艺小姐

96. 茶艺馆经理的主要职责有（ ）。

A. 安排员工的班次，核准考勤表

B. 每天负责准备好充足的货品及用品

C. 接受或谢绝宾客的预订

D. 将宾客平均分配到不同的区域，平衡工作量

97. 茶艺馆茶艺师的主要职责有（ ）。

A. 根据宾客的要求准备不同的茶叶及沏泡用具

B. 经常检查茶艺馆内的清洁卫生、员工的个人卫生

C. 帮助宾客存放衣帽雨伞等物品

D. 核查账单，保证在宾客结账前账目准确

98. 茶艺馆领班的主要职责有（　　）。

A. 抓成本控制，严格堵塞漏洞

B. 每天负责准备好充足的货品及用品

C. 核查账单，保证在宾客结账前账目准确

D. 负责擦净茶具．服务用具，搞好茶馆的卫生工作

99. 茶艺馆经营管理的重点是：抓货源管理、抓人才管理、（　　）三个方面。

A. 抓内部管理　　B. 抓茶叶品质的管理

C. 抓茶文化知识培训的管理　　D. 抓客户档案建立的管理

100. 茶艺馆要求从业人员对（　　）、栽培、加工制造、茶叶的分类与茶事茶话、茶具的知识有深入的了解。

A. 茶种的由来　　B. 茶的演变

C. 茶的历史　　D. 茶的土壤环境

101. 扁炒青的品质要求：扁平光滑。因制法不同，（　　）也有差异。

A. 形状特征　　B. 色泽特征

C. 品质特征　　D. 香气特征

102. 洞庭碧螺春的外形特征是（　　）。

A. 光滑如针　　B. 紧结如珠

C. 卷曲如螺　　D. 曲卷多毫

103. 安溪铁观音的品质特点：外形条索（　　），呈青蒂绿腹蜻蜓头状。

A. 卷曲、壮结、重实　　B. 紧结、乌润

C. 壮结、光滑　　D. 紧结、重实

104. 湿看春绿茶的品质特点是茶叶冲泡后下沉快，叶底（　　）。

A. 柔软而薄　　B. 粗老花杂

C. 欠匀而轻飘　　D. 柔软厚实

105. 湿看夏绿茶的品质特点是茶叶冲泡后，叶底中夹杂（　　）芽叶。

A. 青绿色　　B. 黄绿色
C. 铜绿色　　D. 暗绿色

106. 从滋味判断新、陈茶差别，陈茶即使保管良好，也会出现（　　）之感。
A. 色枯、香沉、味平　　B. 枯黄、香低、味淡
C. 色暗、香沉、味薄　　D. 枯黄、香清、味醇

107. 泡茶用软水时，软水中含其他溶质少，茶叶有效成分的（　　）。
A. 溶解度底　　B. 溶解度高
C. 化学反应慢　　D. 损失率高

108. 水的硬度与茶汤品质关系密切，当水的钙含量大于 2 ppm 时，茶味变（　　）。
A. 酸　　B. 辣
C. 甜　　D. 涩

109. 泡茶用水量应因茶类而异，一般来说，红茶、绿茶、花茶类 1 g 茶叶的冲泡（　　）ml 沸水为好。
A. 80～90　　B. 70～80
C. 60～70　　D. 50～60

110. 泡茶的水温应因茶类而异，各种乌龙茶、普洱茶和沱茶，必须用（　　）℃的开水冲泡。
A. 80　　B. 90
C. 70　　D. 100

111. 泡茶时冲泡器具选择，如饮用（　　）则重在“啜”，宜用紫砂壶来泡茶。
A. 红茶　　B. 绿茶
C. 花茶　　D. 乌龙茶

112. 玻璃杯冲泡绿茶，一般冲水入杯（　　）为止。
A. 至五成满　　B. 至六成满
C. 至七成满　　D. 至八成满

113. 演示冲泡绿茶时，取茶匙将茶荷中的茶叶一一拨入茶杯中待泡，每50 ml容量用茶（　　）g。

A. 4　　B. 3

C. 2　　D. 1

114. 绿茶温润泡时，用80～85℃水温，注水量为茶杯容量的1/4左右，冲泡时间掌握在（　　）s以内。

A. 5　　B. 20

C. 30　　D. 15

115. 用玻璃杯冲泡，奉茶时右手（　　），左手托杯底，双手将茶奉到客人面前。

A. 轻握杯身　　B. 紧握杯身

C. 捏紧杯口　　D. 掩住杯口

116. 用盖碗冲泡绿茶时，以80℃左右的开水高冲入碗，冲水量以（　　）满为宜。

A. 三成　　B. 三四成

C. 五六成　　D. 七八成

117. 清饮红茶用杯泡法冲泡时，用（　　）左右的开水以高冲法冲入茶杯，七成满即可。

A. 100℃　　B. 80℃

C. 90℃　　D. 70℃

118. 清饮红茶用壶泡法时，置茶要根据壶的大小，每60 ml左右水容量需要干茶（　　）g。

A. 4　　B. 3

C. 2　　D. 1

119. 调饮红茶就是在泡红的茶汤中加入（　　）。

A. 面粉　　B. 鸡蛋

C. 调味品　　D. 甜品

120. 潮汕工夫茶主要冲泡器具中，品杯多选薄胎白瓷杯，只有（　　）大。

A. 乒乓球　　B. 乒乓球的半球

C. 胡桃　　D. 香橼

121. 潮汕工夫茶冲泡时，用茶承，它分上下两层，上层是个（　　）的盘，下层为钵形水缸，用来盛接泡茶时废水。

A. 平面　　B. 光亮

C. 有孔　　D. 有槽

122. 福建工夫茶冲泡的全部器具包括（　　）。

A. 紫砂小壶、品杯、茶船（茶洗）

B. 紫砂小壶、品杯、茶船（茶洗）、烧水炉具、茶叶罐

C. 紫砂小壶、品杯、茶船（茶洗）、烧水炉具、茶叶罐、茶荷、茶夹、茶则、茶匙、茶巾、水盂

D. 紫砂小壶、品杯、茶船（茶洗）、烧水炉具、茶叶罐、茶荷、茶夹、水盂

123. 福建工夫茶冲泡过程中，斟茶时，用开水“高冲”入水壶后，大约浸泡（　　）min 后，把泡好的茶汤巡回注入茶杯中。

A. 4　　B. 3

C. 2　　D. 1

124. 福建工夫茶的冲泡程序为（　　）。

A. 备具、洁具、赏茶、置茶、温润泡

B. 备具、赏茶、洁茶、置茶、温润泡、正式冲泡

C. 备具、洁具、赏茶、置茶、温润泡、淋壶、正式冲泡

D. 备具、洁具、赏茶、置茶、温润泡、正式冲泡、淋壶、洗杯、斟茶、奉茶

125. 台湾乌龙茶冲泡时公道杯用来（　　）茶汤。

A. 冷却　　B. 保温

C. 冲淡　　D. 中和

126. 台湾乌龙茶的冲泡程序（　　）。

A. 备具、温壶烫盏、赏茶、置茶、温润泡、正式冲泡、刮沫、淋壶、品茶、滤茶、洗杯

B. 备具、温壶烫盏、赏茶、置茶、温润泡、正式冲泡、刮沫、淋壶、洗杯、滤茶、斟茶、奉茶、品茶

C. 备具、温壶烫盏、赏茶、置茶、温润泡、正式冲泡、刮沫、淋壶、品茶、洗杯

D. 备具、温壶烫盏、赏茶、置茶、正式冲泡、品茶

127. 台湾乌龙茶冲泡时，温壶烫盏是将开水注入紫砂壶和公道杯中，持壶摇晃数下，以（　　）的方式注入闻香杯和品杯中。

A. 逐个注满　　B. 巡回往复

C. 从左至右　　D. 从右至左

128. 台湾乌龙茶冲泡时，洗杯要用茶夹依次将闻香杯和品茗杯中的烫杯水倒掉，并一对对地放在杯垫上，（　　）。

A. 闻香杯在左，品茗杯在右　　B. 品茗杯在左，闻香杯在右

C. 闻香杯在前，品茗杯在后　　D. 品茗杯在前，闻香杯在后

129. 台湾乌龙茶冲泡过程中，滤茶时，将滤网置于（　　）上，将壶中浸泡约 1 min 的茶汤通过滤网倒入公道杯中。

A. 品茗杯　　B. 公道杯

C. 盖杯　　D. 玻璃杯

130. 台湾乌龙茶冲泡中，斟茶要执公道杯将茶汤斟入（　　）为止。

A. 品茗杯至七成满　　B. 闻香杯至八成满

C. 品茗杯至六成满　　D. 闻香杯至七成满

131. 白茶冲泡的全部器具包括（　　）。

A. 无刻花直筒形透明玻璃杯、茶叶缸、茶匙

B. 无刻花直筒形透明玻璃杯、杯托、茶匙、赏茶盘

C. 无刻花直筒形透明玻璃杯、茶匙、茶叶罐、赏茶盘、烧水炉具

D. 无刻花直筒形透明玻璃杯、杯托、茶叶罐、茶匙、赏茶盘、烧水炉具

132. 黄茶的冲泡器具是（　　）。

A. 透明玻璃杯、杯盖、茶匙

B. 透明玻璃杯、杯托、茶匙、烧水炉具

C. 透明玻璃杯、杯托、杯盖、赏茶盘、茶叶缸、茶匙、烧水炉具

D. 透明玻璃杯、杯盖、赏茶盘、茶匙、烧水炉具

133. 黄茶冲泡时，君山银针经冲泡大约（　　）min 后，就可以品饮了。

A. 3　　B. 5

C. 8　　D. 10

134. 冲泡黑茶的全部器具包括（　　）。

A. 茶盘、盖碗、公道壶、小品杯、茶叶罐、茶则、茶针

B. 茶盘、盖碗、公道壶、小品杯、茶叶罐、茶则、茶针、茶巾、烧水炉具

C. 茶盘、盖碗、公道壶、小品杯、茶叶罐、茶则

D. 茶盘、盖碗、公道壶、小品杯、茶叶罐

135. 冲泡黑茶时，将沸水大水流冲入盖碗，达到充分洗涤后，将洗茶水（　　）。

A. 直接倾倒出　　B. 缓慢倾倒出

C. 留在碗中　　D. 从斜置的碗盖和碗沿的间隙中倒出

136. 花茶冲泡时，浸润茶约 10 s 后，再向碗中冲水至（　　），随即加盖保香。

A. 八九成满　　B. 七八成满

C. 六七成满　　D. 五六成满

137. 绿茶品饮时，若舌、鼻并用，可从茶汤中品出（　　），有沁人肺腑之感。

A. 嫩茶香气　　B. 新茶香气

C. 毫香　　D. 清香

138. 清饮红茶品饮时，要（　　）。

A. 先观其色，再闻其香　　B. 先尝其味，再闻其香

C. 先闻其香，再观其色　　D. 先尝其味，再观其色

139. 味红茶品饮时，即使在茶汤中加入多种调料，尤其是一些（　　），香气和滋味是不会轻易被混淆的。

A. 小叶种红茶　　B. 大叶种红茶

C. 名优红茶　　D. 进口红茶

140. 品饮台湾乌龙茶时，要将闻香杯中的茶汤旋转倒入品杯，嗅（　　）的热香。

A. 闻香杯中　　B. 品杯中

C. 杯底　　D. 杯面

141. 白茶品饮中，冲泡开始时，茶叶都浮在水面，经（　　）后，才有部分茶芽沉落杯底。

A. 十几分钟　　B. 五六分钟

C. 七八分钟　　D. 二三分钟

142. 黄茶君山银针品饮时，突出对杯中（　　）。

A. 茶芽的欣赏　　B. 汤色的欣赏

C. 滋味的品赏　　D. 香气的欣赏

143. 黑茶的品饮，要细细体味经长期储存而形成的（　　）。

A. 浓香　　B. 醇香

C. 陈香　　D. 甜香

144. 花茶品饮时，冲泡一饮后，茶碗中留下（　　）茶汤，续水两次，再三次，高档花茶可以冲泡七八次仍有余香。

A. 1/2　　B. 1/3

C. 1/4　　D. 1/5

145. 不同年龄的人选择不同茶饮，更年期女性宜饮（　　）有助于疏肝解毒、

理气调经。

A. 绿茶　　B. 红

C. 白茶　　D. 花茶

146. 减肥去脂者最宜饮（　）。

A. 红茶　　B. 花茶

C. 乌龙茶和普洱茶　　D. 绿茶和白茶

147. 从事不同职业者选择茶饮时，矿工、司机则多饮（　）。

A. 乌龙茶　　B. 白茶

C. 清凉茶　　D. 绿茶

148. 秋天宜饮绿茶，是因绿茶维生素 C 含量丰富，（　）。

A. 品质热性强　　B. 品质温和适中

C. 品质清凉　　D. 品质温和味甘

149. 夏暑宜饮白茶，因白茶是在（　）制成。

A. 春天　　B. 夏天

C. 寒天　　D. 热天

150. 春回大地时节宜饮（　）。

A. 玳玳花茶　　B. 茉莉花茶

C. 玫瑰花茶　　D. 桂花茶

151. 茶的起源传说是神农尝百草，发现（　）而得之。

A. 茶甘甜爽口　　B. 茶清香扑鼻

C. 茶叶绿油润　　D. 茶可以解毒

152. 斗茶起源于（　）。

A. 汉朝　　B. 唐朝

C. 宋朝　　D. 元朝

153. 茶艺师要把握时机进行导购推销，下列选项中，（　）不属于最佳时机。

A. 顾客进门时　　B. 品茶环境温馨，干扰较少时

C. 顾客长时间凝视某一商品时　　D. 茶艺馆来客较多，茶价适宜时

154. 茶艺师与顾客行握手礼时，忌戴（　　）。

A. 戒指　　B. 手镯

C. 手套和墨镜　　D. 项链与手镯

155. 茶艺师在较正式的场合作自我介绍时，通常可以介绍自己所在的（　　）、部门及具体职务。

A. 城市　　B. 地址

C. 茶艺馆　　D. 岗位

156. 茶艺师在导购推销时，要有效争取顾客，下列选项中（　　）做法不妥当。

A. 眼勤、手勤、嘴勤、腿勤、脑勤、耳勤

B. 观察顾客的反应，揣摩其心理活动

C. 推介时先难后易，使顾客理解茶文化的精髓

D. 机动灵活，运用恰当的推介方式

157. 茶艺师导购中推介商品和服务时，可采取（　　）。

A. 先为顾客展示最高级的茶品，使顾客加深印象

B. 为顾客讲解茶艺服务哲理，激发其对茶叶商品的兴趣

C. 多上一些品种，便于顾客比较选择

D. 为顾客讲解茶叶商品的使用方法，并让顾客明确其物有所值

158. 茶叶销售包装时，错误的做法是（　　）。

A. 包装环境干燥　　B. 快速包装

C. 包装外观美化第一　　D. 用不透气的材料包装

159. 家庭储存茶叶，较妥当的做法是（　　）。

A. 常用茶叶罐宜小不宜大　　B. 常用茶叶罐宜大不宜小

C. 直接将茶叶放入冷藏箱（柜）中　　D. 用透明塑料袋封装

160. 养壶的不正确做法是（　　）。

A. 经常泡茶，使用后清洁，再把壶表水分擦去，风干

B. 把壶泡在茶汤中，或经常在壶表涂抹茶汁

C. 把茶汤持续浸放在壶中，并经常以油剂擦拭壶身

D. 经常使用养壶机

得　分	
评分人	

二、判断题（第 161 题～第 200 题。将判断结果填入括号中，正确的填“√”，错误的填“×”。每题 0.5 分，满分 20 分。）

161.（　　）茶艺职业道德的基本准则，应包含这几方面主要内容：遵守职业道德原则，热爱茶艺工作，不断提高服务质量等。

162.（　　）提高自己的学历水平不属于培养职业道德修养的主要途径。

163.（　　）茶艺服务中的文明用语通过语气、表情、声调等与品茶客人交流时要语气平和、态度和蔼、热情友好。

164.（　　）真诚守信是一种社会公德，它的作用是树立信誉，树立起值得他人信赖的道德形象。

165.（　　）钻研业务、精益求精具体体现在茶艺师不但要彬彬有礼地接待品茶客人，而且必须专门掌握本地茶品的沏泡方法。

166.（　　）宋代“豆子茶”的主要成分是玉米、小麦、葱、醋、茶。

167.（　　）茶叶的植物学特征，应是芽和嫩叶背面有银白色茸毛，叶齿显著，嫩茎成圆柱形，叶片侧脉离叶缘 2/3 处向上弯，连接上一条侧脉。

168.（　　）哥窑瓷胎薄质，釉层饱满，釉面显现纹片，纹片形状多样。

169.（　　）历史上第一个留下名字的壶艺家供春的代表作品是树瘤壶。

170.（　　）陆羽认为二沸的水适宜泡茶。

171.（　　）冲泡绿茶一般以 100℃左右为宜。

172.（　　）水中的溶解物越多，pH 值越大。

173.（　　）在茶叶不同类型的滋味中，平和型的代表茶是武夷岩茶、南安石亭绿等。

174.（　　）茶叶中含有 100 多种化学成分。

175.（ ）茶叶中的水溶性维生素主要是C族和B族维生素。

176.（ ）神经衰弱者应多饮浓茶，不在临睡前饮茶。

177.（ ）过量饮浓茶，会引起头痛、恶心、失眠、烦躁等不良症状。

178.（ ）GB/T5009.57—96《茶叶卫生标准分析方法》是与茶叶关系密切的国家强制性标准。

179.（ ）按照标准的管理权限，《屯炒青绿茶》标准属于行业标准。

180.（ ）冠突曲霉是砖茶中的有益的霉菌。

181.（ ）《食品卫生法》中规定茶艺师每两年进行健康体检一次。

182.（ ）经营单位取得"卫生许可证"后，向商标事务所申请登记，办理营业执照。

183.（ ）对茶艺师泡茶时手部主要的要求是保持清洁、无异味、不戴夸张的饰物、不留长指甲、不涂有颜色的指甲油。

184.（ ）在茶艺表演时茶艺师应站成"丁"字步，双手在体前自然交叉。

185.（ ）茶艺师着短裙在服务时．步幅不宜大，速度可稍快些。

186.（ ）为体现礼节，茶艺师在服务中要注意"三轻"，即说话轻、走路轻、操作轻。

187.（ ）在与宾客服务交流过程中，茶艺师要注意语言的准确和恰当。

188.（ ）为营造品茶氛围，品茶环境布置的基本格调讲求："幽、净、雅、洁"。

189.（ ）茶艺馆的接待程序主要有迎宾、说明消费、泡茶、递送茶单。

190.（ ）弘扬中国茶文化，振兴中国茶业经济是茶艺馆的经营宗旨。

191.（ ）闽红"三大工夫"茶，由于产地不同，茶树品种不同，品质风格不同，分为白琳工夫、坦洋工夫、政和工夫。

192.（ ）干看春红茶的品质特点是色泽红润，有较多白毫，条索粗松，香气馥郁。

193.（ ）江河湖水泡茶，在远离人烟的地方取水，污染物少，仍不是沏茶的好水。

194.（　）软水泡茶，对钙、镁离子限量为在每 kg 水中钙、镁离子含量不到 8 mg。

195.（　）冲泡绿茶演示中的洁具，将玻璃杯一字摆开，依次倾入 1/5 杯的开水，从右到左依次净杯。

196.（　）潮汕工夫茶第一次冲水后，20 s 内要将茶汤倒出，也称洗尘泡。

197.（　）茶艺师向顾客推荐茶饮时，要根据茶艺馆的经营状况进行推荐。

198.（　）冬春严寒最适选饮青茶，因青茶味微甘、性寒。

199.（　）推销业务交往中正确递交名片，应是“由少而老”或“由远而近”为序。

200.（　）茶叶储存的条件是：低温、干燥、无氧气、日晒、无异味。

初级茶艺师理论知识模拟试卷答案

一、单项选择题

1. C	2. C	3. D	4. B	5. C	6. C	7. C	8. B
9. B	10. D	11. D	12. B	13. B	14. B	15. A	16. D
17. D	18. C	19. C	20. C	21. D	22. C	23. B	24. C
25. D	26. C	27. D	28. D	29. C	30. D	31. B	32. A
33. C	34. D	35. D	36. A	37. A	38. A	39. A	40. A
41. A	42. D	43. D	44. C	45. B	46. D	47. D	48. A
49. C	50. C	51. B	52. C	53. C	54. A	55. B	56. C
57. D	58. C	59. D	60. C	61. B	62. A	63. C	64. C
65. C	66. B	67. B	68. C	69. A	70. B	71. C	72. D
73. C	74. A	75. B	76. A	77. D	78. C	79. B	80. D
81. B	82. B	83. C	84. D	85. B	86. C	87. C	88. B
89. B	90. B	91. D	92. A	93. B	94. B	95. A	96. A
97. A	98. C	99. A	100. C	101. C	102. C	103. A	104. D

105. C	106. C	107. B	108. D	109. D	110. D	111. D	112. C
113. D	114. D	115. A	116. D	117. C	118. D	119. C	120. B
121. C	122. C	123. D	124. D	125. D	126. B	127. B	128. A
129. B	130. D	131. D	132. C	133. D	134. B	135. D	136. B
137. A	138. C	139. C	140. A	141. B	142. A	143. C	144. B
145. D	146. C	147. D	148. B	149. C	150. A	151. D	152. B
153. A	154. C	155. C	156. C	157. C	158. C	159. A	160. A

二、判断题

161. √	162. √	163. √	164. √	165. ×	166. ×	167. √	168. √
169. √	170. √	171. ×	172. ×	173. ×	174. ×	175. √	176. ×
177. √	178. ×	179. √	180. √	181. ×	182. ×	183. √	184. √
185. √	186. √	187. √	188. √	189. ×	190. √	191. √	192. ×
193. ×	194. √	195. ×	196. ×	197. ×	198. ×	199. ×	200. ×

第三篇

操作技能考核复习指导

CAOZUO JINENG KAOHE FUXI ZHIDAO

第八部分

操作技能考核解读

操作技能考核试卷构成

操作技能考核有多种考核方式。本职业初级操作技能考核采用口试、实际操作题型，共1题（详见考核内容结构表）。

职业技能鉴定国家题库操作技能试卷一般由以下3部分内容构成：

1. 操作技能考核准备通知单

分为鉴定机构准备通知单和考生准备通知单。在考核前分别发给考核现场和考生。内容为考核所需场地、设备、材料、工具及其他准备要求。

2. 操作技能考核试卷正文

内容为操作技能考核试题，包括试题名称、试题分值、考核时间、考核形式、具体考核要求（如技术标准、图表、图样等考核应达到的结果要求）等。

3. 操作技能考核评分记录表

内容为操作技能考核试题配分与评分标准，用于考评员评分记录。主要包括各项考核内容、考核要点、配分与评分标准、否定项及说明、考核分数加权汇总方法等。必要时包括总分表，即记录考生本次操作技能考核所有试题成绩的汇总表。

操作技能考核时间和考核要求

◉ 操作技能考核的考核时间

按《国家职业标准》要求，本职业初级操作技能考核时间为 50 min。

◉ 操作技能考核的基本要求

1. 按试卷中具体考核要求进行操作。

2. 考生在操作技能考核过程中要遵守考场纪律，执行操作规程，防止出现人身和设备安全事故。

操作技能考核试卷生成方式

职业技能鉴定国家题库一般有以下 3 种试卷生成方式：

1. 计算机自动生成试卷。计算机程序按照该职业的《操作技能考核内容结构表》和《操作技能鉴定要素细目表》的结构特征，用统一的组卷模型，自动选取鉴定范围和鉴定点，从题库中抽取相应的试题，组成试卷。

2. 人工干预计算机组卷。根据本职业本等级操作技能考核内容，由人工选定鉴定范围、鉴定点和试题，并由计算机按照国家题库组卷模型进行组合，形成试卷。

3. 特殊要求组卷。若试题库中没有满足本次鉴定要求的试题，专家根据本职业鉴定要求命制新试题。

本职业本等级操作技能考核试卷的生成方式为计算机自动生成试卷。

第九部分

操作技能考核要素

操作技能考核内容结构表

◉ 操作技能考核内容结构表说明

操作技能考核内容结构表中列出了初级茶艺师的考核内容、选考方式、考核总体时间等内容。依据考核内容结构表，考核时任选一项，鉴定北重为100%，考试时间为50 min。

◉ 操作技能考核内容结构表

初级茶艺师操作技能考核内容结构表

鉴定范围 / 鉴定要求	通用茶艺表演	合计
选考方式	必考	1
鉴定比重（%）	100	100
考试时间（min）	50	50
考试形式	口试+实操	

操作技能鉴定要素细目表

◉ 操作技能鉴定要素细目表说明

1. 鉴定要素细目表是在考核内容结构表的基础上，列出了本级别具体要考核的内容。其中，“鉴定点”即为具体的考核内容，每个鉴定点都有重要程度指标，即鉴定点后标注的“X”“Y”“Z”。“X”表示“核心要素”，是考核中最重要、出现频率也最高的内容；“Y”表示“一般要素”，是考核中出现频率一般的内容；“Z”表示“辅助要素”，在考核中出现的频率较低。

2. 表中每个鉴定范围都有鉴定比重指标，它表示在一份试卷中该鉴定范围所占的分数比例。每个鉴定点中有若干道试题，它们有共性的考核要求、配分与评分标准，这些试题都是考生应当掌握的。在每次操作技能考核时，试卷是根据考核内容结构表的要求，在鉴定要素细目表的相关鉴定点中由计算机自动抽取或由专家人工选取 3 道试题组成的。

◉ 操作技能鉴定要素细目表

初级茶艺师操作技能鉴定要素细目表

鉴定范围			鉴定点			
名称	鉴定比重（%）	选考方式	序号	名称	重要程度	试题量
通用茶艺表演	100	任选一项	1	紫砂壶冲泡工夫茶茶艺演示	X	1
			2	玻璃杯冲泡绿茶茶艺演示	X	1
			3	玻璃杯冲泡白茶茶艺演示	X	1
			4	玻璃杯冲泡黄茶茶艺演示	X	1
			5	瓷盖瓯冲泡花茶茶艺演示	X	1
			6	玻璃盖瓯冲泡绿茶茶艺演示	X	1
			7	白瓷壶冲泡红茶茶艺演示	X	1
			8	青瓷壶冲泡普洱茶茶艺演示	X	1
			9	瓷盖瓯冲泡普洱茶茶艺演示	X	1

第十部分

操作技能考核试题

鉴定范围　通用茶艺表演

【试题 1】紫砂壶冲泡工夫茶茶艺演示

1. 准备要求

（1）考场准备

1）化妆间、化妆镜准备。

2）考核场所：茶艺室 40 m^2 左右，茶艺表演操作台 6 套（考试分为口试和实际操作两部分，在对考生进行仪表及礼貌、茶类推介、茶艺程序介绍考试后，考生以 6 人为一个小组再进行实际操作部分的考核）。

3）绿茶、白茶、黄茶、乌龙茶共 4 个茶类，每茶类 1 个样品，每个样品质量为 250 g。

4）按下表所列种类及数量准备茶具（每次同时考核 6 人），如数准备 6 套。

紫砂壶冲泡工夫茶茶艺每位考生所需配套茶具列表

序号	名称	规格	单位	数量	备注
1	操作台		张	1	
2	茶盘	中等	个	1	
3	随手泡	800 ml	个	1	
4	紫砂壶	约 100 ml	把	1	
5	壶垫		个	1	
6	闻香杯		个	4	
7	品茗杯		个	4	
8	杯垫		个	4	
9	茶叶罐		个	1	
10	茶荷		个	1	
11	用具组		组	1	含杯夹、茶漏、茶则、茶签、茶匙、茶刮。
12	茶巾		条	1	
13	饮用水		升	1	
14	杯洗		个	1	

（2）考生准备

1）化妆用品以及服装等。

2）茶艺表演前，在备考场所完成化妆。

2. 考核要求

（1）本题分值：100 分。

（2）考核时间：50 min（含准备出场时间 5 min）。

（3）考核形式：口试、实操。

（4）具体考核要求：以下 9 项中，前 3 项的考评要求考生逐个出场，每位考生出场到指定座位就位，连续考评前 3 项后，再让下一位考生出场考核。后 6 项的考评以 6 人为一小组同时连续进行，已考完前 3 项的考生不退场，原位等待，6 人同时进行后 6 项的考评。

1）工夫茶艺演示的仪表妆饰及礼貌

具体要求：考生依照茶艺师职业及工夫茶茶艺风格的仪表要求在考前自我完成仪表妆饰，包括发饰整理、面部化妆及服饰着装三方面。

考核要点：考生逐个出场，站定后自我介绍。现场考核发饰、面部化妆、着装是否符合茶艺师职业及工夫茶艺风格要求，以及礼貌用语等。

2）乌龙茶类推介

具体要求：考生现场从所提供的茶样中指出乌龙茶类，接着介绍乌龙茶类的外形、汤色、香气、滋味和叶底5项品质特点。

考核要点：考生对乌龙茶类品质特点的认识及向顾客推介的技巧。

3）紫砂壶冲泡工夫茶茶艺的程序介绍

具体要求：考生现场介绍紫砂壶冲泡工夫茶的茶艺演示程序及内容，考核其介绍的完整性和语言表达能力。

考核要点：介绍紫砂壶冲泡工夫茶茶艺演示程序及内容的完整性和语言表达能力。

4）紫砂壶冲泡工夫茶茶艺的茶叶选择准备

具体要求：考生根据紫砂壶冲泡工夫茶茶艺对所用乌龙茶品质要求，从茶样中选出乌龙茶，并选择小茶叶罐装好待用。

考核要点：选茶、选罐及装罐操作是否顺利完成、是否雅观。

5）紫砂壶冲泡工夫茶茶艺的茶具配备

具体要求：考生依据紫砂壶冲泡工夫茶的茶艺演示对所用茶具的配备要求，完成茶具种类数量的选配。

考核要点：紫砂壶冲泡工夫茶茶艺演示所用茶具的种类及数量的选配操作技能与效果。

6）紫砂壶冲泡工夫茶茶艺的茶具摆设

具体要求：考生依据紫砂壶冲泡工夫茶的茶艺演示对所用茶具的摆设要求，完成演示台上的茶具摆设。

考核要点：工夫茶茶艺演示的茶具摆设的操作技能与效果，包括茶具位置、距离、方向。

7）紫砂壶冲泡工夫茶茶艺演示的顺畅感

具体要求：考生依据紫砂壶冲泡工夫茶的茶艺演示程序要求，顺畅地完成茶艺演示的全过程。

考核要点：完成工夫茶茶艺演示全过程操作的顺利性，程序是否熟练、操作是否顺畅。

（参考茶艺程序：列具—烹泉—赏茶—温杯热壶—纳茶—拂面泡/洗茶—悬壶高冲—低斟—献茶—品尝。）

8）紫砂壶冲泡工夫茶茶艺演示的节奏感

具体要求：该步骤与第七步同时进行。考生依据紫砂壶冲泡工夫茶茶艺的演示节奏要求，在茶艺演示过程中表现出节奏感。

考核要点：工夫茶艺演示中操作技艺上有节奏感。

9）紫砂壶冲泡工夫茶茶艺演示的手姿美

具体要求：该步骤与第七步同时进行。考生依据紫砂壶冲泡工夫茶的茶艺演示姿态美要求，在茶艺演示过程中展示出手姿的美感。

考核要点：在工夫茶茶艺演示操作中有手的姿态美感。

3. 配分与评分标准

序号	考核内容	考核要点	配分	评分标准	扣分	得分
1	仪表及礼仪	（1）发饰整洁典雅 （2）面饰整洁典雅 （3）服饰整齐，与该套茶艺文化特色协调 （4）自我介绍注重礼貌用语	5	（1）发饰杂乱扣1分，发饰欠整洁扣0.5分 （2）面饰不加妆饰扣2分，面饰欠整洁扣1.5分，面饰尚整洁欠典雅扣1分 （3）服饰很普通扣1分，服饰尚整齐欠协调扣0.5分 （4）不使用礼貌用语扣1分，尚注意使用礼貌用语扣0.5分		
2	茶类品质特点介绍及推介	（1）茶类品质特点介绍表达准确 （2）茶品推介语言柔和	15	（1）品质特点介绍及推介表达含糊不清，扣6分 （2）品质特点介绍及推介表达尚准确欠详，扣4分 （3）品质特点介绍及推介表达较准确，但语言仍欠清晰动听，扣2分		

续表

序号	考核内容	考核要点	配分	评分标准	扣分	得分
3	茶艺介绍	（1）茶艺程序熟悉，介绍内容完整 （2）语言柔和动听	10	（1）茶艺程序步骤介绍不完整，语言表达差，扣6分 （2）茶艺程序步骤介绍基本完整，内容欠详，扣4分 （3）茶艺程序步骤介绍完整，语言欠柔和清晰，扣2分		
4	茶类识别准备技能	（1）选择茶叶正确、快捷 （2）茶叶装罐利索	10	（1）未能正确选到所需茶叶，尚能装罐，扣6分 （2）很犹豫地选到所用茶叶，尚能装罐，扣4分 （3）能正确快捷选到所需茶叶，较顺利装罐，扣2分		
5	茶具配套准备技能	茶具配套齐全，准备利索	5	（1）茶具准备有错乱，准备不利索，扣3分 （2）主要茶具配套齐全，准备尚利索，扣2分 （3）茶具配套齐全，准备较利索，扣1分		
6	茶具摆设技能	摆设位置正确、美观	5	（1）摆设位置欠正确，欠美观，扣3分 （2）摆设位置基本正确，欠美观，扣2分 （3）摆设位置正确，尚美观，扣1分		
7	茶艺演示程序	顺畅完成演示过程	15	（1）未能连续完成，中断或出错三次以上，扣9分 （2）能基本顺利完成，中断或出错两次以下，扣6分 （3）能不中断地完成，出错一次，扣4分		

续表

序号	考核内容	考核要点	配分	评分标准	扣分	得分
8	茶艺演示艺术	演示动作表现得当，体现艺术特色	15	（1）演示动作表现平淡，缺乏艺术感，扣 9 分 （2）演示动作表现基本适当，尚显艺术感，扣 6 分 （3）演示动作掌握适当，较显艺术感，扣 3 分		
9	茶艺演示手姿	演示手姿注意艺术感，姿态的美观	15	（1）手姿生硬，姿态平平，扣 9 分 （2）手姿尚有艺术姿态，扣 6 分 （3）手姿注意艺术，姿态尚美观，扣 3 分		
10	考核时间	50 min	5	在表中序号为 2～6 项考核时，每项超时 1 min 以上，扣 1 分		
合计			100			

否定项：表中序号为 1～7 项的考核，每项在宣布开始后，超过 2 min 考生仍不能正常开展考试的，终止其该项考试，该项记为零分；考生所用时间不足该项规定时间的 1/3 的，该项记为零分。

时间规定：准备出场时间 5 min；1～3 项分别为 4 min；4～6 项分别为 6 min；7～9 项同时进行，为 15 min。

【试题 2】玻璃杯冲泡绿茶茶艺演示

1. 准备要求

（1）考场准备

1）化妆间、化妆镜准备。

2）考核场所：茶艺室 40 m^2 左右，茶艺表演操作台 6 套（考试分为口试和实际操作两部分，在对考生进行仪表及礼貌、茶类推介、茶艺程序介绍考试后，考生以 6 人为一个小组再进行实际操作部分的考核）。

3）绿茶、白茶、黄茶、乌龙茶共 4 个茶类，每茶类 1 个样品，每个样品质量为 250 g。

4）按下表所列种类及数量准备茶具（每次同时考核 6 人），如数准备 6 套。

玻璃杯冲泡绿茶茶艺每位考生所需配套茶具列表

序号	名称	规格	单位	数量	备注
1	操作台		张	1	
2	茶盘	中等	个	1	
3	煮水壶	800 ml	个	1	
4	玻璃杯		个	3	
5	茶叶罐		个	1	瓷质
6	茶荷		个	1	
6	茶刮		个	1	
7	茶巾		条	1	
8	绿茶		克	10	每杯 3～4 g
9	饮用水		升	1	

（2）考生准备

1）化妆用品以及服装等。

2）茶艺表演前，在备考场所完成化妆。

2. 考核要求

（1）本题分值：100 分。

（2）考核时间：50 min（含准备出场时间 5 min）。

（3）考核形式：口试、实操。

（4）具体考核要求：以下 9 项中，前 3 项的考评要求考生逐个出场，每位考生出场到指定座位就位，连续考评前 3 项后，再让下一位考生出场考核。后 6 项的考评以 6 人为一小组同时连续进行，已考完前 3 项的考生不退场，原位等待，6 人同时进行后 6 项的考评。

1）绿茶茶艺演示的仪表妆饰及礼貌

具体要求：考生依照茶艺师职业及绿茶茶艺风格的仪表要求在考前自我完成仪表妆饰，包括发饰整理、面部化妆及服饰着装三方面。

考核要点：考生逐个出场，站定后自我介绍。现场考核发饰、面部化妆、着装是否符合茶艺师职业及绿茶茶艺风格要求，以及礼貌用语等。

2）绿茶类推介

具体要求：考生现场从所提供的茶样中指出绿茶类，接着介绍绿茶类的外形、汤色、香气、滋味和叶底5项品质特点。

考核要点：考生对绿茶类品质特点的认识及向顾客推介的技巧。

3）玻璃杯冲泡绿茶茶艺的程序介绍

具体要求：考生现场介绍玻璃杯冲泡绿茶的茶艺演示程序及内容，考核其介绍的完整性和语言表达能力。

考核要点：介绍玻璃杯冲泡绿茶茶艺演示程序及内容的完整性和语言表达能力。

4）玻璃杯冲泡绿茶茶艺的茶叶选择准备

具体要求：考生根据玻璃杯冲泡绿茶茶艺对所用绿茶品质及准备要求，从茶样中选出绿茶，并选择小茶叶罐装好待用。

考核要点：选茶、选罐及装罐操作是否顺利完成、是否雅观。

5）玻璃杯冲泡绿茶茶艺的茶具配备

具体要求：考生依据玻璃杯冲泡绿茶的茶艺演示对所用茶具的配备要求，完成茶具种类数量的选配。

考核要点：玻璃杯冲泡绿茶茶艺演示所用茶具的种类及数量的选配操作技能与效果。

6）玻璃杯冲泡绿茶茶艺的茶具摆设

具体要求：考生依据玻璃杯冲泡绿茶的茶艺演示对所用茶具的摆设要求，完成演示台上的茶具摆设。

考核要点：绿茶茶艺演示的茶具摆设的操作技能与效果，包括茶具位置、距离、方向。

7）玻璃杯冲泡绿茶茶艺演示的顺畅感

具体要求：考生依据玻璃杯冲泡绿茶的茶艺演示程序要求，顺畅地完成茶艺演示的全过程。

考核要点：完成绿茶茶艺演示全过程操作的顺利性，程序是否熟练、操作是否顺畅。

（参考茶艺程序：列具—烹泉—赏茶—温杯—冲水—纳茶—润茶—冲泡—献茶—品尝。）

8）玻璃杯冲泡绿茶茶艺演示的节奏感

具体要求：该步骤与第七步同时进行。考生依据玻璃杯冲泡绿茶茶艺的演示节奏要求，在茶艺演示过程中表现出节奏感。

考核要点：绿茶茶艺演示中操作技艺上有节奏感。

9）玻璃杯冲泡绿茶茶艺演示的手姿美

具体要求：该步骤与第七步同时进行。考生依据玻璃杯冲泡绿茶的茶艺演示姿态美要求，在茶艺演示过程中展示出手姿的美感。

考核要点：在绿茶茶艺演示操作中有手的姿态美感。

3. 配分与评分标准

序号	考核内容	考核要点	配分	评分标准	扣分	得分
1	仪表及礼仪	（1）发饰整洁典雅 （2）面饰整洁典雅 （3）服饰整齐，与该套茶艺文化特色协调 （4）自我介绍注重礼貌用语	5	（1）发饰杂乱扣1分，发饰欠整洁扣0.5分 （2）面饰不加妆饰扣2分，面饰欠整洁扣1.5分，面饰尚整洁欠典雅扣1分 （3）服饰很普通扣1分，服饰尚整齐欠协调扣0.5分 （4）不使用礼貌用语扣1分，尚注意使用礼貌用语扣0.5分		
2	茶类品质特点介绍及推介	（1）茶类品质特点介绍表达准确 （2）茶品推介语言柔和	15	（1）品质特点介绍及推介表达含糊不清，扣6分 （2）品质特点介绍及推介表达尚准确欠详，扣4分 （3）品质特点介绍及推介表达基本准确，但语言仍欠清晰动听，扣2分		
3	茶艺介绍	（1）茶艺程序熟悉，介绍内容完整 （2）语言柔和动听	10	（1）茶艺程序步骤介绍不完整，语言表达差，扣6分 （2）茶艺程序步骤介绍基本完整，内容欠详，扣4分 （3）茶艺程序步骤介绍完整，语言欠柔和清晰，扣2分		

续表

序号	考核内容	考核要点	配分	评分标准	扣分	得分
4	茶类识别准备技能	（1）选择茶叶正确、快捷 （2）茶叶装罐利索	10	（1）未能正确选到所需茶叶，尚能装罐，扣6分 （2）很犹豫地选到所用茶叶，尚能装罐，扣4分 （3）能正确快捷选到所需茶叶，较顺利装罐，扣2分		
5	茶具配套准备技能	茶具配套齐全，准备利索	5	（1）茶具准备有错乱，准备不利索，扣3分 （2）主要茶具配套齐全，准备尚利索，扣2分 （3）茶具配套齐全，准备较利索，扣1分		
6	茶具摆设技能	摆设位置正确、美观	5	（1）摆设位置欠正确，欠美观，扣3分 （2）摆设位置基本正确，欠美观，扣2分 （3）摆设位置正确，尚美观，扣1分		
7	茶艺演示程序	顺畅完成演示过程	15	（1）未能连续完成，中断或出错三次以上，扣9分 （2）能基本顺利完成，中断或出错两次以下，扣6分 （3）能不中断地完成，出错一次，扣4分		
8	茶艺演示艺术	演示动作表现得当，体现艺术特色	15	（1）演示动作表现平淡，缺乏艺术感，扣9分 （2）演示动作表现基本适当，尚显艺术感，扣6分 （3）演示动作掌握适当，较显艺术感，扣3分		
9	茶艺演示手姿	演示手姿注意艺术感，姿态的美观	15	（1）手姿生硬，姿态平平，扣9分 （2）手姿尚有艺术姿态，扣6分 （3）手姿注意艺术，姿态尚美观，扣3分		

续表

序号	考核内容	考核要点	配分	评分标准	扣分	得分
10	考核时间	50 min	5	在表中序号为 2～6 项考核时，每项超时 1 min 以上，扣 1 分		
合计			100			

否定项：表中序号为 1～7 项的考核，每项在宣布开始后，超过 2 min 考生仍不能正常开展考试的，终止其该项考试，该项记为零分；考生所用时间不足该项规定时间的 1/3 的，该项记为零分。

时间规定：准备出场时间 5 min；1～3 项分别为 4 min；4～6 项分别为 6 min；7～9 项同时进行，为 15 min。

【试题 3】玻璃杯冲泡白茶茶艺演示

1. 准备要求

(1) 考场准备

1) 化妆间、化妆镜准备。

2) 考核场所：茶艺室 40 m^2 左右，茶艺表演操作台 6 套（考试分为口试和实际操作两部分，在对考生进行仪表及礼貌、茶类推介、茶艺程序介绍考试后，考生以 6 人为一个小组再进行实际操作部分的考核）。

3) 绿茶、白茶、黄茶、乌龙茶 4 类 4 个茶样，每个样品质量为 250 g。

4) 按下表所列种类及数量准备茶具（每次同时考核 6 人，如数准备 6 套）。

玻璃杯冲泡白茶茶艺每位考生所需配套茶具列表

序号	名称	规格	单位	数量	备注
1	操作台		张	1	
2	茶盘	中等	个	1	
3	煮水壶	800 ml	个	1	
4	玻璃杯		个	3	
5	茶叶罐		个	1	瓷质
6	茶荷		个	1	
6	茶刮		个	1	
7	茶巾		条	1	
8	白茶		克	10	每杯 3～4 g
9	饮用水		升	1	

（2）考生准备

1）化妆用品以及服装等。

2）茶艺表演前，在备考场所完成化妆。

2. 考核要求

（1）本题分值：100 分。

（2）考核时间：50 min（含准备出场时间 5 min）。

（3）考核形式：口试、实操。

（4）具体考核要求：以下 9 项中，前 3 项的考评要求考生逐个出场，每位考生出场到指定座位就位，连续考评前 3 项后，再让下一位考生出场考核。后 6 项的考评以 6 人为一小组同时连续进行，已考完前 3 项的考生不退场，原位等待，6 人同时进行后 6 项的考评。

1）白茶茶艺演示的仪表妆饰及礼貌

具体要求：考生依照茶艺师职业及白茶茶艺风格的仪表要求在考前自我完成仪表妆饰，包括发饰整理、面部化妆及服饰着装三方面。

考核要点：考生逐个出场，站定后自我介绍。现场考核发饰、面部化妆、着装是否符合茶艺师职业及白茶茶艺风格要求，以及礼貌用语等。

2）白茶类推介

具体要求：考生现场从所提供的茶样中指出白茶类，接着介绍白茶类的外形、汤色、香气、滋味和叶底 5 项品质特点。

考核要点：考生对白茶类品质特点的认识及向顾客推介的技巧。

3）玻璃杯冲泡白茶茶艺的程序介绍

具体要求：考生现场介绍玻璃杯冲泡白茶的茶艺演示程序及内容，考核其介绍的完整性和语言表达能力。

考核要点：介绍玻璃杯冲泡白茶茶艺演示程序及内容的完整性和语言表达能力。

4）玻璃杯冲泡白茶茶艺的茶叶选择准备

具体要求：考生根据玻璃杯冲泡白茶茶艺对所用白茶品质及准备要求，从茶样中选出白茶，并选择小茶叶罐装好待用。

考核要点：选茶、选罐及装罐操作是否顺利完成、是否雅观。

5）玻璃杯冲泡白茶茶艺的茶具配备

具体要求：考生依据玻璃杯冲泡白茶的茶艺演示对所用茶具的配备要求，完成茶具种类数量的选配。

考核要点：玻璃杯冲泡白茶茶艺演示所用茶具的种类及数量的选配操作技能与效果。

6）玻璃杯冲泡白茶茶艺的茶具摆设

具体要求：考生依据玻璃杯冲泡白茶的茶艺演示对所用茶具的摆设要求，完成演示台上的茶具摆设。

考核要点：白茶茶艺演示的茶具摆设的操作技能与效果，包括茶具位置、距离、方向。

7）玻璃杯冲泡白茶茶艺演示的顺畅感

具体要求：考生依据玻璃杯冲泡白茶的茶艺演示程序要求，顺畅地完成茶艺演示的全过程。

考核要点：完成白茶茶艺演示全过程操作的顺利性，程序是否熟练、操作是否顺畅。

（参考茶艺程序：列具—烹泉—赏茶—温杯—冲水—纳茶—润茶—冲泡—献茶—品尝。）

8）玻璃杯冲泡白茶茶艺演示的节奏感

具体要求：该步骤与第七步同时进行。考生依据玻璃杯冲泡白茶茶艺的演示节奏要求，在茶艺演示过程中表现出节奏感。

考核要点：在玻璃杯冲泡白茶茶艺演示中，操作技艺上有节奏感。

9）玻璃杯冲泡白茶茶艺演示的手姿美

具体要求：该步骤与第七步同时进行。考生依据玻璃杯冲泡白茶的茶艺演示姿态美要求，在茶艺演示过程中展示出手姿的美感。

考核要点：在玻璃杯冲泡白茶茶艺演示操作中有手的姿态美感。

3. 配分与评分标准

序号	考核内容	考核要点	配分	评分标准	扣分	得分
1	仪表及礼仪	（1）发饰整洁典雅 （2）面饰整洁典雅 （3）服饰整齐，与该套茶艺文化特色协调 （4）自我介绍注重礼貌用语	5	（1）发饰杂乱扣1分，发饰欠整洁扣0.5分 （2）面饰不加妆饰扣2分，面饰欠整洁扣1.5分，面饰尚整洁欠典雅扣1分 （3）服饰很普通扣1分，服饰尚整齐欠协调扣0.5分 （4）不使用礼貌用语扣1分，尚注意使用礼貌用语但有欠缺扣0.5分		
2	茶类品质特点介绍及推介	（1）茶类品质特点介绍表达准确 （2）茶品推介语言柔和	15	（1）品质特点介绍及推介表达含糊不清，扣6分 （2）品质特点介绍及推介表达尚准确欠详，扣4分 （3）品质特点介绍及推介表达较准确，但语言仍欠清晰动听，扣2分		
3	茶艺介绍	（1）茶艺程序熟悉，介绍内容完整 （2）语言柔和动听	10	（1）茶艺程序步骤介绍不完整，语言表达差，扣6分 （2）茶艺程序步骤介绍基本完整，内容欠详，扣4分 （3）茶艺程序步骤介绍完整，语言欠柔和清晰，扣2分		
4	茶类识别准备技能	（1）选择茶叶正确、快捷 （2）茶叶装罐利索	10	（1）未能正确选到所需茶叶，尚能装罐，扣6分 （2）很犹豫地选到所用茶叶，尚能装罐，扣4分 （3）能正确快捷选到所需茶叶，较顺利装罐，扣2分		
5	茶具配套准备技能	茶具配套齐全，准备利索	5	（1）茶具准备有错乱，准备不利索，扣3分 （2）主要茶具配套齐全，准备尚利索，扣2分 （3）茶具配套齐全，准备较利索，扣1分		

续表

序号	考核内容	考核要点	配分	评分标准	扣分	得分
6	茶具摆设技能	摆设位置正确、美观	5	（1）摆设位置欠正确，欠美观，扣3分 （2）摆设位置基本正确，欠美观，扣2分 （3）摆设位置正确，尚美观，扣1分		
7	茶艺演示程序	顺畅完成演示过程	15	（1）未能连续完成，中断或出错三次以上，扣9分 （2）能基本顺利完成，中断或出错两次以下，扣6分 （3）能不中断地完成，出错一次，扣4分		
8	茶艺演示艺术	演示动作表现得当，体现艺术特色	15	（1）演示动作表现平淡，缺乏艺术感，扣9分 （2）演示动作表现基本适当，尚显艺术感，扣6分 （3）演示动作掌握适当，较显艺术感，扣3分		
9	茶艺演示手姿	演示手姿注意艺术感，姿态的美观	15	（1）手姿生硬，姿态平平，扣9分 （2）手姿尚有艺术姿态，扣6分 （3）手姿注意艺术，姿态尚美观，扣3分		
10	考核时间	50 min	5	在表中序号为2～6项考核时，每项超时1 min以上，扣1分		
合计			100			

否定项：表中序号为1～7项的考核，每项在宣布开始后，超过2 min考生仍不能正常开展考试的，终止其该项考试，该项记为零分；考生所用时间不足该项规定时间的1/3的，该项记为零分。

时间规定：准备出场时间5 min；1～3项分别为4 min；4～6项分别为6 min；7～9项同时进行，为15 min。

【试题4】玻璃杯冲泡黄茶茶艺演示

1. 准备要求

（1）考场准备

1）化妆间、化妆镜准备。

2）考核场所：茶艺室 40 m^2 左右，茶艺表演操作台 6 套（考试分为口试和实际操作两部分，在对考生进行仪表及礼貌、茶类推介、茶艺程序介绍考试后，考生以 6 人为一个小组再进行实际操作部分的考核）。

3）绿茶、白茶、黄茶、乌龙茶 4 类 4 个茶样，每个样品质量为 250 g。

4）按下表所列种类及数量准备茶具（每次同时考核 6 人），如数准备 6 套。

玻璃杯冲泡黄茶茶艺每位考生所需配套茶具列表

序号	名称	规格	单位	数量	备注
1	操作台		张	1	
2	茶盘	中等	个	1	
3	煮水壶	800 ml	个	1	
4	玻璃杯		个	3	
5	茶叶罐		个	1	瓷质
6	茶荷		个	1	
6	茶刮		个	1	
7	茶巾		条	1	
8	君山银针茶		克	10	每杯 3～4 g
9	饮用水		升	1	

（2）考生准备

1）化妆用品以及服装等。

2）茶艺表演前，在备考场所完成化妆。

2. 考核要求

（1）本题分值：100 分。

（2）考核时间：50 min（含准备出场时间 5 min）。

（3）考核形式：口试、实操。

（4）具体考核要求：以下 9 项中，前 3 项的考评要求考生逐个出场，每位考生出场到指定座位就位，连续考评前 3 项后，再让下一位考生出场考核。后 6 项的考评以 6 人为一小组同时连续进行，已考完前 3 项的考生不退场，原位等待，6 人同时进行后 6 项的考评。

1）黄茶茶艺演示的仪表妆饰及礼貌

具体要求：考生依照茶艺师职业及黄茶茶艺风格的仪表要求，在考前自我完成仪表妆饰，包括发饰整理、面部化妆及服饰着装三方面。

考核要点：考生逐个出场，站定后自我介绍。现场考核发饰、面部化妆、着装是否符合茶艺师职业及黄茶茶艺风格要求，以及礼貌用语等。

2）黄茶类推介

具体要求：考生现场从所提供的茶样中指出黄茶类，接着介绍黄茶类的外形、汤色、香气、滋味和叶底 5 项品质特点。

考核要点：考生对黄茶类品质特点的认识及向顾客推介的技巧。

3）玻璃杯冲泡黄茶茶艺的程序介绍

具体要求：考生现场介绍玻璃杯冲泡黄茶的茶艺演示程序及内容，考核其介绍的完整性和语言表达能力。

考核要点：介绍玻璃杯冲泡黄茶茶艺演示程序及内容的完整性和语言表达能力。

4）玻璃杯冲泡黄茶茶艺的茶叶选择准备

具体要求：考生根据玻璃杯冲泡黄茶茶艺对所用黄茶品质及准备要求，从茶样中选出黄茶，并选择小茶叶罐装好待用。

考核要点：选茶、选罐及装罐操作是否顺利完成、是否雅观。

5）玻璃杯冲泡黄茶茶艺的茶具配备

具体要求：考生依据玻璃杯冲泡黄茶的茶艺演示对所用茶具的配备要求，完成茶具种类数量的选配。

考核要点：玻璃杯冲泡黄茶茶艺演示所用茶具的种类及数量的选配操作技能与效果。

6）玻璃杯冲泡黄茶茶艺的茶具摆设

具体要求：考生依据玻璃杯冲泡黄茶的茶艺演示对所用茶具的摆设要求，完成演示台上的茶具摆设。

考核要点：黄茶茶艺演示的茶具摆设的操作技能与效果，包括茶具位置、距离、方向。

7）玻璃杯冲泡黄茶茶艺演示的顺畅感

具体要求：考生依据玻璃杯冲泡黄茶的茶艺演示程序要求，顺畅地完成茶艺演示的全过程。

考核要点：完成玻璃杯冲泡黄茶茶艺演示全过程操作的顺利性，程序是否熟练、操作是否顺畅。

（参考茶艺程序：列具—烹泉—赏茶—温杯—冲水—纳茶—润茶—冲泡—献茶—品尝。）

8）玻璃杯冲泡黄茶茶艺演示的节奏感

具体要求：该步骤与第七步同时进行。考生依据玻璃杯冲泡黄茶茶艺的演示节奏要求，在茶艺演示过程中表现出节奏感。

考核要点：在玻璃杯冲泡黄茶茶艺演示中操作技艺上有节奏感。

9）玻璃杯冲泡黄茶茶艺演示的手姿美

具体要求：该步骤与第七步同时进行。考生依据玻璃杯冲泡黄茶的茶艺演示姿态美要求，在茶艺演示过程中展示出手姿的美感。

考核要点：在玻璃杯冲泡黄茶茶艺演示操作中有手的姿态美感。

3. 配分与评分标准

序号	考核内容	考核要点	配分	评分标准	扣分	得分
1	仪表及礼仪	（1）发饰整洁典雅 （2）面饰整洁典雅 （3）服饰整齐，与该套茶艺文化特色协调 （4）自我介绍注重礼貌用语	5	（1）发饰杂乱扣 1 分，发饰欠整洁扣 0.5 分 （2）面饰不加妆饰扣 2 分，面饰欠整洁扣 1.5 分，面饰尚整洁欠典雅扣 1 分 （3）服饰很普通扣 1 分，服饰尚整齐欠协调扣 0.5 分 （4）不使用礼貌用语扣 1 分，尚注意使用礼貌用语扣 0.5 分		

续表

序号	考核内容	考核要点	配分	评分标准	扣分	得分
2	茶类品质特点介绍及推介	（1）茶类品质特点介绍表达准确 （2）茶品推介语言柔和	15	（1）品质特点介绍及推介表达含糊不清，扣6分 （2）品质特点介绍及推介表达尚准确欠详，扣4分 （3）品质特点介绍及推介表达基本准确，但语言仍欠清晰动听，扣2分		
3	茶艺介绍	（1）茶艺程序熟悉，介绍内容完整 （2）语言柔和动听	10	（1）茶艺程序步骤介绍不完整，语言表达差，扣6分 （2）茶艺程序步骤介绍基本完整，内容欠详，扣4分 （3）茶艺程序步骤介绍完整，语言欠柔和清晰，扣2分		
4	茶类识别准备技能	（1）选择茶叶正确、快捷 （2）茶叶装罐利索	10	（1）未能正确选到所需茶叶，尚能装罐，扣6分 （2）很犹豫地选到所用茶叶，尚能装罐，扣4分 （3）能正确快捷选到所需茶叶，较顺利装罐，扣2分		
5	茶具识别配套技能	茶具配套齐全、准备利索	5	（1）茶具准备有错乱，准备不利索，扣3分 （2）主要茶具配套齐全，准备尚利索，扣2分 （3）茶具配套齐全，准备较利索，扣1分		
6	茶具摆设技能	摆设位置正确、美观	5	（1）摆设位置欠正确，欠美观，扣3分 （2）摆设位置基本正确，欠美观，扣2分 （3）摆设位置正确，尚美观，扣1分		

续表

序号	考核内容	考核要点	配分	评分标准	扣分	得分
7	茶艺演示程序	顺畅完成演示过程	15	（1）未能连续完成，中断或出错三次以上，扣 9 分 （2）能基本顺利完成，中断或出错两次以下，扣 6 分 （3）能不中断地完成，出错一次，扣 4 分		
8	茶艺演示艺术	演示动作表现得当，体现艺术特色	15	（1）演示动作表现平淡，缺乏艺术感，扣 9 分 （2）演示动作表现基本适当，尚显艺术感，扣 6 分 （3）演示动作掌握适当，较显艺术感，扣 3 分		
9	茶艺演示手姿	演示手姿注意艺术感，姿态的美观	15	（1）手姿生硬，姿态平平，扣 9 分 （2）手姿尚有艺术姿态，扣 6 分 （3）手姿注意艺术，姿态尚美观，扣 3 分		
10	考核时间	50 min	5	在表中序号为 2～6 项考核时，每项超时 1 min 以上，扣 1 分		
合计			100			

否定项：表中序号为 1～7 项的考核，每项在宣布开始后，超过 2 min 考生仍不能正常开展考试的，终止其该项考试，该项记为零分；考生所用时间不足该项规定时间的 1/3 的，该项记为零分。

时间规定：准备出场时间 5 min；1～3 项分别为 4 min；4～6 项分别为 6 min；7～9 项同时进行，为 15 min。

【试题 5】瓷盖瓯冲泡花茶茶艺演示

1. 准备要求

（1）考场准备

1）化妆间、化妆镜准备。

2）考核场所：茶艺室 40 m^2 左右，茶艺表演操作台 6 套（考试分为口试和实际操作两部分，在对考生进行仪表及礼貌、茶类推介、茶艺程序介绍考试后，考生以 6 人为一个小组再进行实际操作部分的考核）。

3）花茶、绿茶、黄茶、乌龙茶 4 类 4 个茶样，每个样品质量为 250 g。

4）按下表所列种类及数量准备茶具（每次同时考核 6 人，如数准备 6 套）。

瓷盖瓯冲泡花茶茶艺每位考生所需配套茶具列表

序号	名称	规格	单位	数量	备注
1	操作台		张	1	
2	茶盘	中等	个	1	
3	煮水壶	800 ml	个	1	
4	茶叶罐		个	1	
5	盖瓯	约 120 ml	个	4	瓷质
6	杯洗		个	1	
7	茶荷		个	1	
8	用具组		套	1	内含有杯夹、茶则、茶刮。
9	茶巾		条	1	
10	花茶		克	5	
11	饮用水		升	1	

（2）考生准备

1）化妆用品以及服装等。

2）茶艺表演前，在备考场所完成化妆。

2. 考核要求

（1）本题分值：100 分。

（2）考核时间：50 min（含准备出场时间 5 min）。

（3）考核形式：口试、实操。

（4）具体考核要求：以下 9 项中，前 3 项的考评要求考生逐个出场，每位考生出场到指定座位就位，连续考评前 3 项后，再让下一位考生出场考核。后 6 项的考评以 6 人为一小组同时连续进行，已考完前 3 项的考生不退场，原位等待，6 人同时进行后 6 项的考评。

1）茶艺演示的仪表妆饰及礼貌

具体要求：考生依照茶艺师职业及花茶茶艺风格的仪表要求，在考前自我完成仪表妆饰，包括发饰整理、面部化妆及服饰着装三方面。

考核要点：考生逐个出场，站定后自我介绍。现场考核发饰、面部化妆、着装是否符合茶艺师职业及花茶茶艺风格要求，以及礼貌用语等。

2）花茶类推介

具体要求：考生现场从所提供的茶样中指出花茶，接着介绍花茶的外形、汤色、香气、滋味和叶底5项品质特点。

考核要点：考生对花茶类品质特点的认识及向顾客推介的技巧。

3）瓷盖瓯冲泡花茶茶艺的程序介绍

具体要求：考生现场介绍瓷盖瓯冲泡花茶的茶艺演示程序及内容，考核其介绍的完整性和语言表达能力。

考核要点：介绍瓷盖瓯冲泡花茶茶艺演示程序及内容的完整性和语言表达能力。

4）瓷盖瓯冲泡花茶茶艺的茶叶选择准备

具体要求：考生根据瓷盖瓯冲泡花茶茶艺对所用花茶品质及准备要求从茶样中选出花茶，并选择小茶叶罐装好待用。

考核要点：选茶、选罐及装罐操作是否顺利完成、是否雅观。

5）瓷盖瓯冲泡花茶茶艺的茶具配备

具体要求：考生依据瓷盖瓯冲泡花茶的茶艺演示对所用茶具的配备要求，完成茶具种类数量的选配。

考核要点：对瓷盖瓯冲泡花茶茶艺演示所用茶具的种类及数量的选配操作技能与效果。

6）瓷盖瓯冲泡花茶茶艺的茶具摆设

具体要求：考生依据瓷盖瓯冲泡花茶的茶艺演示对所用茶具的摆设要求，完成演示台上的茶具摆设。

考核要点：瓷盖瓯冲泡花茶茶艺演示的茶具摆设的操作技能与效果，包括茶具位置、距离、方向。

7）瓷盖瓯冲泡花茶茶艺演示的顺畅感

具体要求：考生依据瓷盖瓯冲泡花茶的茶艺演示程序要求，顺畅地完成茶艺演示的全过程。

考核要点：完成瓷盖瓯冲泡花茶茶艺演示全过程操作的顺利性，程序是否熟练、操作是否顺畅。

（参考茶艺程序：列具—烹泉—赏茶—温杯—纳茶—润茶—悬壶高冲—献茶—品尝。）

8）瓷盖瓯冲泡花茶茶艺演示的节奏感

具体要求：该步骤与第七步同时进行。考生依据瓷盖瓯冲泡花茶茶艺的演示节奏要求，在茶艺演示过程表现出节奏感。

考核要点：在瓷盖瓯冲泡花茶茶艺演示中操作技艺上有节奏感。

9）瓷盖瓯冲泡花茶茶艺演示的手姿美

具体要求：该步骤与第七步同时进行。考生依据瓷盖瓯冲泡花茶的茶艺演示姿态美要求在茶艺演示过程中展示出手姿的美感。

考核要点：在瓷盖瓯冲泡花茶茶艺演示操作中有手的姿态美感。

3. 配分与评分标准

序号	考核内容	考核要点	配分	评分标准	扣分	得分
1	仪表及礼仪	（1）发饰整洁典雅 （2）面饰整洁典雅 （3）服饰整齐，与该套茶艺文化特色协调 （4）自我介绍注重礼貌用语	5	（1）发饰杂乱扣1分，发饰欠整洁扣0.5分 （2）面饰不加妆饰扣2分，面饰欠整洁扣1.5分，面饰尚整洁欠典雅扣1分 （3）服饰很普通扣1分，服饰尚整齐欠协调扣0.5分 （4）不使用礼貌用语扣1分，尚注意使用礼貌用语扣0.5分		
2	茶类品质特点介绍及推介	（1）茶类品质特点介绍表达准确 （2）茶品推介语言柔和	15	（1）品质特点介绍及推介表达含糊不清，扣6分 （2）品质特点介绍及推介表达基本准确，扣4分 （3）品质特点介绍及推介表达基本准确，但语言仍欠清晰动听，扣2分		

续表

序号	考核内容	考核要点	配分	评分标准	扣分	得分
3	茶艺介绍	（1）茶艺程序熟悉，介绍内容完整 （2）语言柔和动听	10	（1）茶艺程序步骤介绍不完整，语言表达差，扣6分 （2）茶艺程序步骤介绍基本完整，内容欠详，扣4分 （3）茶艺程序步骤介绍完整，语言欠柔和清晰，扣2分		
4	茶类识别准备技能	（1）选择茶叶正确、快捷 （2）茶叶装罐利索	10	（1）未能正确选到所需茶叶，尚能装罐，扣6分 （2）很犹豫地选到所用茶叶，尚能装罐，扣4分 （3）能正确快捷选到所需茶叶，较顺利装罐，扣2分		
5	茶具配套准备技能	茶具配套齐全，准备利索	5	（1）茶具准备有错乱，准备不利索，扣3分 （2）主要茶具配套齐全，准备尚利索，扣2分 （3）茶具配套齐全，准备较利索，扣1分		
6	茶具摆设技能	摆设位置正确、美观	5	（1）摆设位置欠正确，欠美观，扣3分 （2）摆设位置基本正确，欠美观，扣2分 （3）摆设位置正确，尚美观，扣1分		
7	茶艺演示程序	顺畅完成演示过程	15	（1）未能连续完成，中断或出错三次以上，扣9分 （2）能基本顺利完成，中断或出错两次以下，扣6分 （3）能不中断地完成，出错一次，扣4分		
8	茶艺演示艺术	演示动作表现得当，体现艺术特色	15	（1）演示动作表现平淡，缺乏艺术感，扣9分 （2）演示动作表现基本适当，尚显艺术感，扣6分 （3）演示动作掌握适当，较显艺术感，扣3分		

续表

序号	考核内容	考核要点	配分	评分标准	扣分	得分
9	茶艺演示手姿	演示手姿注意艺术感，姿态的美观	15	（1）手姿生硬，姿态平平，扣9分 （2）手姿尚有艺术姿态，扣6分 （3）手姿注意艺术，姿态尚美观，扣3分		
10	考核时间	50 min	5	在表中序号为2～6项考核时，每项超时1 min以上，扣1分		
合计			100			

否定项：表中序号为1～7项的考核，每项在宣布开始后，超过2 min考生仍不能正常开展考试的，终止其该项考试，该项记为零分；考生所用时间不足该项规定时间的1/3的，该项记为零分。

时间规定：准备出场时间5 min；1～3项分别为4 min；4～6项分别为6 min；7～9项同时进行，为15 min。

【试题6】　玻璃盖瓯冲泡绿茶茶艺演示

1. 准备要求

（1）考场准备

1）化妆间、化妆镜准备。

2）考核场所：茶艺室40 m^2左右，茶艺表演操作台6套（考试分为口试和实际操作两部分，在对考生进行仪表及礼貌、茶类推介、茶艺程序介绍考试后，考生以6人为一个小组再进行实际操作部分的考核）。

3）绿茶、白茶、黄茶、乌龙茶4类4个茶样，每个样品质量为250 g。

4）按下表所列种类及数量准备茶具（每次同时考核6人），如数准备6套。

玻璃盖瓯冲泡绿茶茶艺每位考生所需配套茶具列表

序号	名称	规格	单位	数量	备注
1	操作台		张	1	
2	茶盘	中等	个	1	
3	煮水壶	800 ml	个	1	
4	盖瓯		个	1	玻璃

续表

序号	名称	规格	单位	数量	备注
5	公道壶		个	1	玻璃
6	品茗杯		个	3	
7	杯垫		个	3	
8	茶叶罐		个	1	
9	茶荷		个	1	
10	茶滤		个	1	
11	茶巾		条	1	
12	茶则		个	1	
13	绿茶		克	5	
14	饮用水		升	1	

（2）考生准备

1）化妆用品以及服装等。

2）茶艺表演前，在备考场所完成化妆。

2. 考核要求

（1）本题分值：100 分。

（2）考核时间：50 min（含准备出场时间 5 min）。

（3）考核形式：口试、实操。

（4）具体考核要求：以下 9 项中，前 3 项的考评要求考生逐个出场，每位考生出场到指定座位就位，连续考评前 3 项后，再让下一位考生出场考核。后 6 项的考评以 6 人为一小组同时连续进行，已考完前 3 项的考生不退场，原位等待，6 人同时进行后 6 项的考评。

1）绿茶茶艺演示的仪表妆饰及礼貌

具体要求：考生依照茶艺师职业及绿茶茶艺风格的仪表要求，在考前自我完成仪表妆饰，包括发饰整理、面部化妆及服饰着装三方面。

考核要点：考生逐个出场，站定后自我介绍。现场考核发饰、面部化妆、着装是否符合茶艺师职业及白茶茶艺风格要求以及礼貌用语等。

2）绿茶类推介

具体要求：考生现场从所提供的茶样中指出绿茶类，接着介绍绿茶类的外形、汤色、香气、滋味和叶底5项品质特点。

考核要点：考生对绿茶类品质特点的认识及向顾客推介的技巧。

3）玻璃盖瓯冲泡绿茶茶艺的程序介绍

具体要求：考生现场介绍玻璃盖瓯冲泡绿茶的茶艺演示程序及内容，考核其介绍的完整性和语言表达能力。

考核要点：介绍玻璃盖瓯冲泡绿茶茶艺演示程序及内容的完整性和语言表达能力。

4）玻璃盖瓯冲泡绿茶茶艺的茶叶选择准备

具体要求：考生根据玻璃盖瓯冲泡绿茶茶艺对所用绿茶品质及准备要求，从茶样中选出绿茶，并选择小茶叶罐装好待用。

考核要点：选茶、选罐及装罐操作是否顺利完成、是否雅观。

5）玻璃盖瓯冲泡绿茶茶艺的茶具配备

具体要求：考生依据玻璃盖瓯冲泡绿茶的茶艺演示对所用茶具的配备要求，完成茶具种类数量的选配。

考核要点：玻璃盖瓯冲泡绿茶茶艺演示所用茶具的种类及数量的选配操作技能与效果。

6）玻璃盖瓯冲泡绿茶茶艺的茶具摆设

具体要求：考生依据玻璃盖瓯冲泡绿茶的茶艺演示对所用茶具的摆设要求完成演示台上的茶具摆设。

考核要点：玻璃盖瓯冲泡绿茶茶艺演示的茶具摆设的操作技能与效果，包括茶具位置、距离、方向。

7）玻璃盖瓯冲泡绿茶茶艺演示的顺畅感

具体要求：考生依据玻璃盖瓯冲泡绿茶的茶艺演示程序要求，顺畅地完成茶艺演示的全过程。

考核要点：完成玻璃盖瓯冲泡绿茶茶艺演示全过程操作的顺利性，程序是否熟练、操作是否顺畅。

（参考茶艺程序：列具—烹泉—赏茶—温杯—纳茶—润冲—润茶—高冲—低斟—巡分—献茶—品尝。）

8）玻璃盖瓯冲泡绿茶茶艺演示的节奏感

具体要求：该步骤与第七步同时进行。考生依据玻璃盖瓯冲泡绿茶茶艺的演示节奏要求，在茶艺演示过程表现出节奏感。

考核要点：在玻璃盖瓯冲泡绿茶茶艺演示中操作技艺上有节奏感。

9）玻璃盖瓯冲泡绿茶茶艺演示的手姿美

具体要求：该步骤与第七步同时进行。考生依据玻璃盖瓯冲泡绿茶的茶艺演示姿态美要求，在茶艺演示过程中展示出手姿的美感。

考核要点：在玻璃盖瓯冲泡绿茶茶艺演示操作中有手的姿态美感。

3. 配分与评分标准

序号	考核内容	考核要点	配分	评分标准	扣分	得分
1	仪表及礼仪	（1）发饰整洁典雅 （2）面饰整洁典雅 （3）服饰整齐，与该套茶艺文化特色协调 （4）自我介绍注重礼貌用语	5	（1）发饰杂乱扣1分，发饰欠整洁扣0.5分 （2）面饰不加妆饰扣2分，面饰欠整洁扣1.5分，面饰尚整洁欠典雅扣1分 （3）服饰很普通扣1分，服饰尚整齐欠协调扣0.5分 （4）不使用礼貌用语扣1分，尚注意使用礼貌用语扣0.5分		
2	茶类品质特点介绍及推介	（1）茶类品质特点介绍表达准确 （2）茶品推介语言柔和	15	（1）品质特点介绍及推介表达含糊不清，扣6分 （2）品质特点介绍及推介表达尚准确欠详，扣4分 （3）品质特点介绍及推介表达基本准确，但语言仍欠清晰动听，扣2分		
3	茶艺介绍	（1）茶艺程序熟悉，介绍内容完整 （2）语言柔和动听	10	（1）茶艺程序步骤介绍不完整，语言表达差，扣6分 （2）茶艺程序步骤介绍基本完整，内容欠详，扣4分 （3）茶艺程序步骤介绍完整，语言欠柔和清晰，扣2分		

续表

序号	考核内容	考核要点	配分	评分标准	扣分	得分
4	茶类识别准备技能	（1）选择茶叶正确、快捷 （2）茶叶装罐利索	10	（1）未能正确选到所需茶叶，尚能装罐，扣6分 （2）很犹豫地选到所用茶叶，尚能装罐，扣4分 （3）能正确快捷选到所需茶叶，较顺利装罐，扣2分		
5	茶具配套准备技能	茶具配套齐全，准备利索	5	（1）茶具准备有错乱，准备不利索，扣3分 （2）主要茶具配套齐全，准备尚利索，扣2分 （3）茶具配套齐全，准备较利索，扣1分		
6	茶具摆设技能	摆设位置正确、美观	5	（1）摆设位置欠正确，欠美观，扣3分 （2）摆设位置基本正确，欠美观，扣2分 （3）摆设位置正确，尚美观，扣1分		
7	茶艺演示程序	顺畅完成演示过程	15	（1）未能连续完成，中断或出错三次以上，扣9分 （2）能基本顺利完成，中断或出错两次以下，扣6分 （3）能不中断地完成，出错一次，扣4分		
8	茶艺演示艺术	演示动作表现得当，体现艺术特色	15	（1）演示动作表现平淡，缺乏艺术感，扣9分 （2）演示动作表现基本适当，尚显艺术感，扣6分 （3）演示动作掌握适当，较显艺术感，扣3分		
9	茶艺演示手姿	演示手姿注意艺术感，姿态的美观	15	（1）手姿生硬，姿态平平，扣9分 （2）手姿尚有艺术姿态，扣6分 （3）手姿注意艺术，姿态尚美观，扣3分		

续表

序号	考核内容	考核要点	配分	评分标准	扣分	得分
10	考核时间	50 min	5	在表中序号为2～6项考核时，每项超时1 min以上，扣1分		
合计			100			

否定项：表中序号为1～7项的考核，每项在宣布开始后，超过2 min考生仍不能正常开展考试的，终止其该项考试，该项记为零分；考生所用时间不足该项规定时间的1/3的，该项记为零分。

时间规定：准备出场时间5 min；1～3项分别为4 min；4～6项分别为6 min；7～9项同时进行，为15 min。

【试题7】 白瓷壶冲泡红茶茶艺演示

1. 准备要求

(1) 考场准备

1）化妆间、化妆镜准备。

2）考核场所：茶艺室40 m^2左右，茶艺表演操作台6套（考试分为口试和实际操作两部分，在对考生进行仪表及礼貌、茶类推介、茶艺程序介绍考试后，考生以6人为一个小组再进行实际操作部分的考核）。

3）绿茶、红茶、黄茶、乌龙茶4类4个茶样，每个样品质量为250 g。

4）按下表所列种类及数量准备茶具（每次同时考核6人），如数准备6套。

白瓷壶冲泡红茶茶艺每位考生所需配套茶具列表

序号	名称	规格	单位	数量	备注
1	操作台		张	1	
2	茶盘	中等	个	1	
3	煮水壶	800 ml	个	1	
4	茶叶罐		个	1	
5	茶荷		个	1	
6	瓷质茶壶	中等	个	1	
7	公道壶		个	1	
8	茶滤		个	1	

续表

序号	名称	规格	单位	数量	备注
9	品茗杯		个	4	
10	杯垫		个	4	
11	杯洗		个	1	
12	用具组		套	1	内含有杯夹、茶则、茶刮
13	茶巾		条	1	
14	红茶		克	10	
15	饮用水		升	1	

（2）考生准备

1）化妆用品以及服装等。

2）茶艺表演前，在备考场所完成化妆。

2. 考核要求

（1）本题分值：100 分。

（2）考核时间：50 min（含准备出场时间 5 min）。

（3）考核形式：口试、实操。

（4）具体考核要求：以下 9 项中，前 3 项的考评要求考生逐个出场，每位考生出场到指定座位就位，连续考评前 3 项后，再让下一位考生出场考核。后 6 项的考评以 6 人为一小组同时连续进行，已考完前 3 项的考生不退场，原位等待，6 人同时进行后 6 项的考评。

1）红茶茶艺演示的仪表妆饰及礼貌

具体要求：考生依照茶艺师职业及红茶茶艺风格的仪表要求，在考前自我完成仪表妆饰，包括发饰整理、面部化妆及服饰着装三方面。

考核要点：考生逐个出场，站定后自我介绍。现场考核发饰、面部化妆、着装是否符合茶艺师职业及红茶茶艺风格要求以及礼貌用语等。

2）红茶类推介

具体要求：考生现场从所提供的茶样中指出红茶类，接着介绍红茶类的外形、汤色、香气、滋味和叶底 5 项品质特点。

考核要点：考生对红茶类品质特点的认识及向顾客推介的技巧。

3）白瓷壶冲泡红茶茶艺的程序介绍

具体要求：考生现场介绍白瓷壶冲泡红茶的茶艺演示程序及内容，考核其介绍的完整性和语言表达能力。

考核要点：介绍白瓷壶冲泡红茶茶艺演示程序及内容的完整性和语言表达能力。

4）白瓷壶冲泡红茶茶艺的茶叶选择准备

具体要求：考生根据白瓷壶冲泡红茶茶艺对所用红茶品质及准备要求，从茶样中选出红茶，并选择小茶叶罐装好待用。

考核要点：选茶、选罐及装罐操作是否顺利完成、雅观。

5）白瓷壶冲泡红茶茶艺的茶具配备

具体要求：考生依据白瓷壶冲泡红茶的茶艺演示对所用茶具的配备要求，完成茶具种类数量的选配。

考核要点：白瓷壶冲泡红茶茶艺演示所用茶具的种类及数量的选配操作技能与效果。

6）白瓷壶冲泡红茶茶艺的茶具摆设

具体要求：考生依据白瓷壶冲泡红茶的茶艺演示对所用茶具的摆设要求，完成演示台上的茶具摆设。

考核要点：白瓷壶冲泡红茶茶艺演示的茶具摆设的操作技能与效果，包括茶具位置、距离、方向。

7）白瓷壶冲泡红茶茶艺演示的顺畅感

具体要求：考生依据白瓷壶冲泡红茶的茶艺演示程序要求，顺畅地完成茶艺演示的全过程。

考核要点：完成白瓷壶冲泡红茶茶艺演示全过程操作的顺利性，程序是否熟练、操作是否顺畅。

（参考茶艺程序：列具—烹泉—赏茶—热壶—纳茶—高冲—温杯—斟分—献茶—品尝。）

8）白瓷壶冲泡红茶茶艺演示的节奏感

具体要求：该步骤与第七步同时进行。考生依据白瓷壶冲泡红茶茶艺的演示节奏要求在茶艺演示过程表现出节奏感。

考核要点：在白瓷壶冲泡红茶茶艺演示中操作技艺上有节奏感。

9）白瓷壶冲泡红茶茶艺演示的手姿美

具体要求：该步骤与第七步同时进行。考生依据白瓷壶冲泡红茶的茶艺演示姿态美要求，在茶艺演示过程展示出手姿的美感。

考核要点：在白瓷壶冲泡红茶茶艺演示操作中有手的姿态美感。

3. 配分与评分标准

序号	考核内容	考核要点	配分	评分标准	扣分	得分
1	仪表及礼仪	（1）发饰整洁典雅 （2）面饰整洁典雅 （3）服饰整齐，与该套茶艺文化特色协调 （4）自我介绍注重礼貌用语	5	（1）发饰杂乱扣 1 分，发饰欠整洁扣 0.5 分 （2）面饰不加妆饰扣 2 分，面饰欠整洁扣 1.5 分，面饰尚整洁欠典雅扣 1 分 （3）服饰很普通扣 1 分，服饰尚整齐欠协调扣 0.5 分 （4）不使用礼貌用语扣 1 分，尚注意使用礼貌用语扣 0.5 分		
2	茶类品质特点介绍及推介	（1）茶类品质特点介绍表达准确 （2）茶品推介语言柔和	15	（1）品质特点介绍及推介表达含糊不清，扣 6 分 （2）品质特点介绍及推介表达尚准确欠详，扣 4 分 （3）品质特点介绍及推介表达基本准确，但语言仍欠清晰动听，扣 2 分		
3	茶艺介绍	（1）茶艺程序熟悉，介绍内容完整 （2）语言柔和动听	10	（1）茶艺程序步骤介绍不完整，语言表达差，扣 6 分 （2）茶艺程序步骤介绍基本完整，内容欠详，扣 4 分 （3）茶艺程序步骤介绍完整，语言欠柔和清晰，扣 2 分		

续表

序号	考核内容	考核要点	配分	评分标准	扣分	得分
4	茶类识别准备技能	（1）选择茶叶正确、快捷 （2）茶叶装罐利索	10	（1）未能正确选到所需茶叶，尚能装罐，扣6分 （2）很犹豫地选到所用茶叶，尚能装罐，扣4分 （3）能正确快捷选到所需茶叶，较顺利装罐，扣2分		
5	茶具配套准备技能	茶具配套齐全，准备利索	5	（1）茶具准备有错乱，准备不利索，扣3分 （2）主要茶具配套齐全，准备尚利索，扣2分 （3）茶具配套齐全，准备较利索，扣1分		
6	茶具摆设技能	摆设位置正确、美观	5	（1）摆设位置欠正确，欠美观，扣3分 （2）摆设位置基本正确，欠美观，扣2分 （3）摆设位置正确，尚美观，扣1分		
7	茶艺演示程序	顺畅完成演示过程	15	（1）未能连续完成，中断或出错三次以上，扣9分 （2）能基本顺利完成，中断或出错两次以下，扣6分 （3）能不中断地完成，出错一次，扣4分		
8	茶艺演示艺术	演示动作表现得当，体现艺术特色	15	（1）演示动作表现平淡，缺乏艺术感，扣9分 （2）演示动作表现基本适当，尚显艺术感，扣6分 （3）演示动作掌握适当，较显艺术感，扣3分		
9	茶艺演示手姿	演示手姿注意艺术感，姿态的美观	15	（1）手姿生硬，姿态平平，扣9分 （2）手姿尚有艺术姿态，扣6分 （3）手姿注意艺术，姿态尚美观，扣3分		

续表

序号	考核内容	考核要点	配分	评分标准	扣分	得分
10	考核时间	50 min	5	在表中序号为 2～6 项考核时，每项超时 1 min 以上，扣 1 分		
合计			100			

否定项：表中序号为 1～7 项的考核，每项在宣布开始后，超过 2 min 考生仍不能正常开展考试的，终止其该项考试，该项记为零分；考生所用时间不足该项规定时间的 1/3 的，该项记为零分。

时间规定：准备出场时间 5 min；1～3 项分别为 4 min；4～6 项分别为 6 min；7～9 项同时进行，为 15 min。

【试题 8】　青瓷壶冲泡普洱茶茶艺演示

1. 准备要求

（1）考场准备

1）化妆间、化妆镜准备。

2）考核场所：茶艺室 40 m^2 左右，茶艺表演操作台 6 套（考试分为口试和实际操作两部分，在对考生进行仪表及礼貌、茶类推介、茶艺程序介绍考试后，考生以 6 人为一个小组再进行实际操作部分的考核）。

3）普洱散茶、红茶、乌龙茶和绿茶茶样 4 个，每个样品质量为 250 g。

4）按下表所列种类及数量准备茶具（每次同时考核 6 人，如数准备 6 套）。

青瓷壶冲泡普洱茶茶艺每位考生所需配套茶具列表

序号	名称	规格	单位	数量	备注
1	操作台		张	1	
2	茶盘	中等	个	1	
3	随手泡	800 ml	个	1	
4	青瓷壶	中等	个	1	
5	公道壶		个	1	
6	茶滤		个	1	
7	品茗杯		个	5	
8	杯托		个	5	

续表

序号	名称	规格	单位	数量	备注
9	茶叶罐		个	1	
10	茶荷		个	1	
11	用具组		套	1	内含有杯夹、茶则、茶刮。
12	茶巾		条	1	
13	普洱散茶		克	10	
14	饮用水		升	1	

（2）考生准备

1）化妆用品以及服装等。

2）茶艺表演前，在备考场所完成化妆。

2. 考核要求

（1）本题分值：100 分。

（2）考核时间：50 min（含准备出场时间 5 min）。

（3）考核形式：口试、实操。

（4）具体考核要求：以下 9 项中，前 3 项的考评要求考生逐个出场，每位考生出场到指定座位就位，连续考评前 3 项后，再让下一位考生出场考核。后 6 项的考评以 6 人为一小组同时连续进行，已考完前 3 项的考生不退场，原位等待，6 人同时进行后 6 项的考评。

1）普洱茶茶艺演示的仪表妆饰及礼貌

具体要求：考生依照茶艺师职业及普洱茶茶艺风格的仪表要求，在考前自我完成仪表妆饰，包括发饰整理、面部化妆及服饰着装三方面。

考核要点：考生逐个出场，站定后自我介绍。现场考核发饰、面部化妆、着装是否符合茶艺师职业及工夫茶艺风格要求以及礼貌用语等。

2）普洱茶推介

具体要求：考生现场从所提供的茶样中指出普洱茶，接着介绍普洱茶的外形、汤色、香气、滋味和叶底 5 项品质特点。

考核要点：考生对普洱茶品质特点的认识及向顾客推介的技巧。

3）青瓷壶冲泡普洱茶茶艺的程序介绍

具体要求：考生现场介绍青瓷壶冲泡普洱茶的茶艺演示程序及内容，考核其介绍的完整性和语言表达能力。

考核要点：介绍青瓷壶冲泡普洱茶茶艺演示程序及内容的完整性和语言表达能力。

4）青瓷壶冲泡普洱茶茶艺的茶叶选择准备

具体要求：考生根据青瓷壶冲泡普洱茶茶艺对所用普洱茶品质及准备要求，从茶样中选出普洱茶，并选择小茶叶罐装好待用。

考核要点：选茶、选罐及装罐操作是否顺利完成、雅观。

5）青瓷壶冲泡普洱茶茶艺的茶具配备

具体要求：考生依据青瓷壶冲泡普洱茶的茶艺演示对所用茶具的配备要求，完成茶具种类数量的选配。

考核要点：青瓷壶冲泡普洱茶茶艺演示所用茶具的种类及数量的选配操作技能与效果。

6）青瓷壶冲泡普洱茶茶艺的茶具摆设

具体要求：考生依据青瓷壶冲泡普洱茶的茶艺演示对所用茶具的摆设要求，完成演示台上的茶具摆设。

考核要点：青瓷壶冲泡普洱茶茶艺演示的茶具摆设的操作技能与效果，包括茶具位置、距离、方向。

7）青瓷壶冲泡普洱茶茶艺演示的顺畅感

具体要求：考生依据青瓷壶冲泡普洱茶的茶艺演示程序要求，顺畅地完成茶艺演示的全过程。

考核要点：完成青瓷壶冲泡普洱茶茶艺演示全过程操作的顺利性，程序是否熟练、操作是否顺畅。

（参考茶艺程序：列具—烹泉—赏茶—热壶—温杯—纳茶—洗茶—高冲—温杯—斟分—献茶—品尝。）

8）青瓷壶冲泡普洱茶茶艺演示的节奏感

具体要求：该步骤与第七步同时进行。考生依据青瓷壶冲泡普洱茶茶艺的演示节奏要求，在茶艺演示过程表现出节奏感。

考核要点：在青瓷壶冲泡普洱茶茶艺演示中操作技艺上有节奏感。

9）青瓷壶冲泡普洱茶茶艺演示的手姿美

具体要求：该步骤与第七步同时进行。考生依据青瓷壶冲泡普洱茶的茶艺演示姿态美要求，在茶艺演示过程展示出手姿的美感。

考核要点：在青瓷壶冲泡普洱茶茶艺演示操作中有手的姿态美感。

3．配分与评分标准

序号	考核内容	考核要点	配分	评分标准	扣分	得分
1	仪表及礼仪	（1）发饰整洁典雅 （2）面饰整洁典雅 （3）服饰整齐，与该套茶艺文化特色协调 （4）自我介绍注重礼貌用语	5	（1）发饰杂乱扣1分，发饰欠整洁扣0.5分 （2）面饰不加妆饰扣2分，面饰欠整洁扣1.5分，面饰尚整洁欠典雅扣1分 （3）服饰很普通扣1分，服饰尚整齐欠协调扣0.5分 （4）不使用礼貌用语扣1分，尚注意使用礼貌用语扣0.5分		
2	茶类品质特点介绍及推介	（1）茶类品质特点介绍表达准确 （2）茶品推介语言柔和	15	（1）品质特点介绍及推介表达含糊不清，扣6分 （2）品质特点介绍及推介表达尚准确，扣4分 （3）品质特点介绍及推介表达基本准确，但语言仍欠清晰动听，扣2分		
3	茶艺介绍	（1）茶艺程序熟悉，介绍内容完整 （2）语言柔和动听	10	（1）茶艺程序步骤介绍不完整，语言表达差，扣6分 （2）茶艺程序步骤介绍基本完整，内容欠详，扣4分 （3）茶艺程序步骤介绍完整，语言欠柔和清晰，扣2分		

续表

序号	考核内容	考核要点	配分	评分标准	扣分	得分
4	茶类识别准备技能	（1）选择茶叶正确、快捷 （2）茶叶装罐利索	10	（1）未能正确选到所需茶叶，尚能装罐，扣6分 （2）很犹豫地选到所用茶叶，尚能装罐，扣4分 （3）能正确快捷选到所需茶叶，较顺利装罐，扣2分		
5	茶具配套准备技能	茶具配套齐全，准备利索	5	（1）茶具准备有错乱，准备不利索，扣3分 （2）主要茶具配套齐全，准备尚利索，扣2分 （3）茶具配套齐全，准备尚利索，扣1分		
6	茶具摆设技能	摆设位置正确、美观	5	（1）摆设位置欠正确，欠美观，扣3分 （2）摆设位置基本正确，欠美观，扣2分 （3）摆设位置正确，尚美观，扣1分		
7	茶艺演示程序	顺畅完成演示过程	15	（1）未能连续完成，中断或出错三次以上，扣9分 （2）能基本顺利完成，中断或出错两次以下，扣6分 （3）能不中断地完成，出错一次，扣4分		
8	茶艺演示艺术	演示动作表现得当，体现艺术特色	15	（1）演示动作表现平淡，缺乏艺术感，扣9分 （2）演示动作表现基本适当，尚显艺术感，扣6分 （3）演示动作掌握适当，较显艺术感，扣3分		
9	茶艺演示手姿	演示手姿注意艺术感，姿态的美观	15	（1）手姿生硬，姿态平平，扣9分 （2）手姿尚有艺术姿态，扣6分 （3）手姿注意艺术，姿态尚美观，扣3分		

续表

序号	考核内容	考核要点	配分	评分标准	扣分	得分
10	考核时间	50 min	5	在表中序号为2～6项考核时，每项超时1 min以上，扣1分		
	合计		100			

否定项：表中序号为1～7项的考核，每项在宣布开始后，超过2 min考生仍不能正常开展考试的，终止其该项考试，该项记为零分；考生所用时间不足该项规定时间的1/3的，该项记为零分。

时间规定：准备出场时间5 min；1～3项分别为4 min；4～6项分别为6 min；7～9项同时进行，为15 min。

【试题9】 瓷盖瓯冲泡普洱茶茶艺演示

1. 准备要求

（1）考场准备

1）化妆间、化妆镜准备。

2）考核场所：茶艺室40 m^2左右，茶艺表演操作台6套（考试分为口试和实际操作两部分，在对考生进行仪表及礼貌、茶类推介、茶艺程序介绍考试后，考生以6人为一个小组再进行实际操作部分的考核）。

3）普洱散茶、红茶、乌龙茶和绿茶茶样4个，每个样品质量为250 g。

4）按下表所列种类及数量准备茶具（每次同时考核6人），如数准备6套。

瓷盖瓯冲泡普洱茶茶艺每位考生所需配套茶具列表

序号	名称	规格	单位	数量	备注
1	操作台		张	1	
2	茶盘	中等	个	1	
3	随手泡	800 ml	个	1	
4	瓷质盖瓯	中等	个	1	
5	公道壶		个	1	
6	茶滤		个	1	
7	品茗瓷杯		个	5	
8	杯托		个	5	

续表

序号	名称	规格	单位	数量	备注
9	茶叶罐		个	1	
10	茶荷		个	1	
11	用具组		套	1	内含有杯夹、茶则、茶刮
12	茶巾		条	1	
13	普洱散茶		克	10	
14	饮用水		升	1	

（2）考生准备

1）化妆用品以及服装等。

2）茶艺表演前，在备考场所完成化妆。

2. 考核要求

（1）本题分值：100 分。

（2）考核时间：50 min（含准备出场时间 5 min）。

（3）考核形式：口试、实操。

（4）具体考核要求：以下 9 项中，前 3 项的考评要求考生逐个出场，每位考生出场到指定座位就位，连续考评前 3 项后，再让下一位考生出场考核。后 6 项的考评以 6 人为一小组同时连续进行，已考完前 3 项的考生不退场，原位等待，6 人同时进行后 6 项的考评。

1）普洱茶茶艺演示的仪表妆饰及礼貌

具体要求：考生依照茶艺师职业及普洱茶茶艺风格的仪表要求，在考前自我完成仪表妆饰，包括发饰整理、面部化妆及服饰着装三方面。

考核要点：考生逐个出场，站定后自我介绍。现场考核发饰、面部化妆、着装是否符合茶艺师职业及普洱茶茶艺风格要求以及礼貌用语等。

2）普洱茶推介

具体要求：考生现场从所提供的茶样中指出普洱茶，接着介绍普洱茶的外形、汤色、香气、滋味和叶底 5 项品质特点。

考核要点：考生对普洱茶品质特点的认识及向顾客推介的技巧。

3）瓷盖瓯冲泡普洱茶茶艺的程序介绍

具体要求：考生现场介绍瓷盖瓯冲泡普洱茶的茶艺演示程序及内容，考核其介绍的完整性和语言表达能力。

考核要点：介绍瓷盖瓯冲泡普洱茶茶艺演示程序及内容的完整性和语言表达能力。

4）瓷盖瓯冲泡普洱茶茶艺的茶叶选择准备

具体要求：考生根据瓷盖瓯冲泡普洱茶茶艺对所用普洱茶品质及准备要求从茶样中选出普洱茶，并选择小茶叶罐装好待用。

考核要点：选茶、选罐及装罐操作是否顺利完成、是否雅观。

5）瓷盖瓯冲泡普洱茶茶艺的茶具配备

具体要求：考生依据瓷盖瓯冲泡普洱茶的茶艺演示对所用茶具的配备要求，完成茶具种类数量的选配。

考核要点：瓷盖瓯冲泡普洱茶茶艺演示所用茶具的种类及数量的选配操作技能与效果。

6）瓷盖瓯冲泡普洱茶茶艺的茶具摆设

具体要求：考生依据瓷盖瓯冲泡普洱茶的茶艺演示对所用茶具的摆设要求，完成演示台上的茶具摆设。

考核要点：瓷盖瓯冲泡普洱茶茶艺演示的茶具摆设的操作技能与效果，包括茶具位置、距离、方向。

7）瓷盖瓯冲泡普洱茶茶艺演示的顺畅感

具体要求：考生依据瓷盖瓯冲泡普洱茶的茶艺演示程序要求，顺畅地完成茶艺演示的全过程。

考核要点：完成瓷盖瓯冲泡普洱茶茶艺演示全过程操作的顺利性，程序是否熟练、操作是否顺畅。

（参考茶艺程序：列具—烹泉—赏茶—温瓯—纳茶—润洗—冲泡—斟分—献茶—品尝。）

8）瓷盖瓯冲泡普洱茶茶艺演示的节奏感

具体要求：该步骤与第七步同时进行。考生依据瓷盖瓯冲泡普洱茶茶艺的演示节奏要求，在茶艺演示过程表现出节奏感。

考核要点：在瓷盖瓯冲泡普洱茶茶艺演示中操作技艺上有节奏感。

9）瓷盖瓯冲泡普洱茶茶艺演示的手姿美

具体要求：该步骤与第七步同时进行。考生依据瓷盖瓯冲泡普洱茶的茶艺演示姿态美要求，在茶艺演示过程中展示出手姿的美感。

考核要点：在瓷盖瓯冲泡普洱茶茶艺演示操作中有手的姿态美感。

3．配分与评分标准

序号	考核内容	考核要点	配分	评分标准	扣分	得分
1	仪表及礼仪	（1）发饰整洁典雅 （2）面饰整洁典雅 （3）服饰整齐，与该套茶艺文化特色协调 （4）自我介绍注重礼貌用语	5	（1）发饰杂乱扣1分，发饰欠整洁扣0.5分 （2）面饰不加妆饰扣2分，面饰欠整洁扣1.5分，面饰尚整洁欠典雅扣1分 （3）服饰很普通扣1分，服饰尚整齐欠协调扣0.5分 （4）不使用礼貌用语扣1分，尚注意使用礼貌用语扣0.5分		
2	茶类品质特点介绍及推介	（1）茶类品质特点介绍表达准确 （2）茶品推介语言柔和	15	（1）品质特点介绍及推介表达含糊不清，扣6分 （2）品质特点介绍及推介表达尚准确欠详，扣4分 （3）品质特点介绍及推介表达基本准确，但语言仍欠清晰动听，扣2分		
3	茶艺介绍	（1）茶艺程序熟悉，介绍内容完整 （2）语言柔和动听	10	（1）茶艺程序步骤介绍不完整，语言表达差，扣6分 （2）茶艺程序步骤介绍基本完整，内容欠详，扣4分 （3）茶艺程序步骤介绍完整，语言欠柔和清晰，扣2分		

续表

序号	考核内容	考核要点	配分	评分标准	扣分	得分
4	茶类识别准备技能	（1）选择茶叶正确、快捷 （2）茶叶装罐利索	10	（1）未能正确选到所需茶叶，尚能装罐，扣6分 （2）很犹豫地选到所用茶叶，尚能装罐，扣4分 （3）能正确快捷选到所需茶叶，较顺利装罐，扣2分		
5	茶具配套准备技能	茶具配套齐全，准备利索	5	（1）茶具准备有错乱，准备不利索，扣3分 （2）主要茶具配套齐全，准备尚利索，扣2分 （3）茶具配套齐全，准备尚利索，扣1分		
6	茶具摆设技能	摆设位置正确、美观	5	（1）摆设位置欠正确，欠美观，扣3分 （2）摆设位置基本正确，欠美观，扣2分 （3）摆设位置正确，尚美观，扣1分		
7	茶艺演示程序	顺畅完成演示过程	15	（1）未能连续完成，中断或出错三次以上，扣9分 （2）能基本顺利完成，中断或出错两次以下，扣6分 （3）能不中断地完成，出错一次，扣4分		
8	茶艺演示艺术	演示动作表现得当，体现艺术特色	15	（1）演示动作表现平淡，缺乏艺术感，扣9分 （2）演示动作表现基本适当，尚显艺术感，扣6分 （3）演示动作掌握适当，较显艺术感，扣3分		
9	茶艺演示手姿	演示手姿注意艺术感，姿态的美观	15	（1）手姿生硬，姿态平平，扣9分 （2）手姿尚有艺术姿态，扣6分 （3）手姿注意艺术，姿态尚美观，扣3分		

续表

序号	考核内容	考核要点	配分	评分标准	扣分	得分
10	考核时间	50 min	5	在表中序号为 2～6 项考核时，每项超时 1 min 以上，扣 1 分		
合计			100			

否定项：表中序号为 1～7 项的考核，每项在宣布开始后，超过 2 min 考生仍不能正常开展考试的，终止其该项考试，该项记为零分；考生所用时间不足该项规定时间的 1/3 的，该项记为零分。

时间规定：准备出场时间 5 min；1～3 项分别为 4 min；4～6 项分别为 6 min；7～9 项同时进行，为 15 min。

第十一部分

操作技能考核模拟试卷

初级茶艺师操作技能考核模拟试卷

职业技能鉴定国家题库试卷

初级茶艺师操作技能考核准备通知单（考场）

试题

（1）化妆间、化妆镜准备。

（2）考核场所：茶艺室 40 m^2 左右，茶艺表演操作台 6 套（考试分为口试和实际操作两部分，在对考生进行仪表及礼貌、茶类推介、茶艺程序介绍考试后，考生以 6 人为一个小组再进行实际操作部分的考核）。

3）普洱散茶、红茶、乌龙茶和绿茶茶样 4 个，每个样品质量为 250 g。

4）按下表所列种类及数量准备茶具（每次同时考核 6 人），如数准备 6 套。

青瓷壶冲泡普洱茶茶艺每位考生所需配套茶具种类及数量列表

序号	名称	规格	单位	数量	备注
1	操作台		张	1	
2	茶盘	中等	个	1	
3	随手泡	800 ml	个	1	
4	青瓷壶	中等	个	1	
5	公道壶		个	1	
6	茶滤		个	1	
7	品茗杯		个	5	
8	杯托		个	5	
9	茶叶罐		个	1	
10	茶荷		个	1	
11	用具组		套	1	内含有杯夹、茶则、茶刮
12	茶巾		条	1	
13	普洱散茶		克	10	
14	饮用水		升	1	

职业技能鉴定国家题库试卷

初级茶艺师操作技能考核准备通知单（考生）

姓名：__________ 准考证号：______________ 单位：____________

试题

（1）化妆用品以及服装等。

（2）茶艺表演前，在考场备考时完成化妆。

职业技能鉴定国家题库试卷

初级茶艺师操作技能考核试卷

考件编号：________________

注　意　事　项

一、本试卷依据2002年颁布的《国家职业标准——茶艺师》命制。

二、本试卷试题如无特别注明，则为全国通用。

三、请考生仔细阅读试题的具体考核要求，并按要求完成操作或进行笔答或口答。

四、操作技能考核时要遵守考场纪律，服从考场管理人员指挥，以保证考核安全顺利进行。

青瓷壶冲泡普洱茶茶艺演示

（1）本题分值：100分。

（2）考核时间：50 min（含准备出场时间5 min）。

（3）考核形式：口试、实操。

（4）具体考核要求：以下9项中，前3项的考评要求考生逐个出场，每位考生出场到指定座位就位，连续考评前3项后，再让下一位考生出场考核。后6项的考评以6人为一小组同时连续进行，已考完前3项的考生不退场，原位等待，6人同时进行后6项的考评。

1）普洱茶茶艺演示的仪表妆饰及礼貌

具体要求：考生依照茶艺师职业及普洱茶茶艺风格的仪表要求，在考前自我完成仪表妆饰，包括发饰整理、面部化妆及服饰着装三方面。

考核要点：考生逐个出场，站定后自我介绍。现场考核发饰、面部化妆、着装是否符合茶艺师职业及工夫茶艺风格要求以及礼貌用语等。

2）普洱茶推介

具体要求：考生现场从所提供的茶样中指出普洱茶，接着介绍普洱茶的外形、汤色、香气、滋味和叶底5项品质特点。

考核要点：考生对普洱茶品质特点的认识及向顾客推介的技巧。

3）青瓷壶冲泡普洱茶茶艺的程序介绍

具体要求：考生现场介绍青瓷壶冲泡普洱茶的茶艺演示程序及内容，考核其介绍的完整性和语言表达能力。

考核要点：介绍青瓷壶冲泡普洱茶茶艺演示程序及内容的完整性和语言表达能力。

4）青瓷壶冲泡普洱茶茶艺的茶叶选择准备

具体要求：考生根据青瓷壶冲泡普洱茶茶艺对所用普洱茶品质及准备要求，从茶样中选出普洱茶，并选择小茶叶罐装好待用。

考核要点：选茶、选罐及装罐操作是否顺利完成、是否雅观。

5）青瓷壶冲泡普洱茶茶艺的茶具配备

具体要求：考生依据青瓷壶冲泡普洱茶的茶艺演示对所用茶具的配备要求，完成茶具种类数量的选配。

考核要点：青瓷壶冲泡普洱茶茶艺演示所用茶具的种类及数量的选配操作技能与效果。

6）青瓷壶冲泡普洱茶茶艺的茶具摆设

具体要求：考生依据青瓷壶冲泡普洱茶的茶艺演示对所用茶具的摆设要求，完成演示台上的茶具摆设。

考核要点：青瓷壶冲泡普洱茶茶艺演示的茶具摆设的操作技能与效果，包括茶具位置、距离、方向。

7）青瓷壶冲泡普洱茶茶艺演示的顺畅感

具体要求：考生依据青瓷壶冲泡普洱茶的茶艺演示程序要求，顺畅地完成茶艺演示的全过程。

考核要点：完成青瓷壶冲泡普洱茶茶艺演示全过程操作的顺利性，程序是否熟练、操作是否顺畅。

（参考茶艺程序：列具—烹泉—赏茶—热壶—温杯—纳茶—润洗—高冲—斟分—献茶—品尝。）

8）青瓷壶冲泡普洱茶茶艺演示的节奏感

具体要求：该步骤与第七步同时进行。考生依据青瓷壶冲泡普洱茶茶艺的演示节奏要求，在茶艺演示过程表现出节奏感。

考核要点：在青瓷壶冲泡普洱茶茶艺演示中操作技艺上有节奏感。

9）青瓷壶冲泡普洱茶茶艺演示的手姿美

具体要求：该步骤与第七步同时进行。考生依据青瓷壶冲泡普洱茶的茶艺演示姿态美要求，在茶艺演示过程展示出手姿的美感。

考核要点：在青瓷壶冲泡普洱茶茶艺演示操作中有手的姿态美感。

职业技能鉴定国家题库试卷

初级茶艺师操作技能考核评分记录表

考件编号：________　姓名：________　准考证号：________　单位：________

青瓷壶冲泡普洱茶茶艺演示

序号	考核内容	考核要点	配分	评分标准	扣分	得分
1	仪表及礼仪	（1）发饰整洁典雅 （2）面饰整洁典雅 （3）服饰整齐，与该套茶艺文化特色协调 （4）自我介绍注重礼貌用语	5	（1）发饰杂乱扣1分，发饰欠整洁扣0.5分 （2）面饰不加妆饰扣2分，面饰欠整洁扣1.5分，面饰尚整洁欠典雅扣1分 （3）服饰很普通扣1分，服饰尚整齐欠协调扣0.5分 （4）不使用礼貌用语扣1分，尚注意使用礼貌用语扣0.5分		
2	茶类品质特点介绍及推介	（1）茶类品质特点介绍表达准确 （2）茶品推介语言柔和	15	（1）品质特点介绍及推介表达含糊不清，扣6分 （2）品质特点介绍及推介表达尚准确，扣4分 （3）品质特点介绍及推介表达基本准确，但语言仍欠清晰动听，扣2分		
3	茶艺介绍	（1）茶艺程序熟悉，介绍内容完整 （2）语言柔和动听	10	（1）茶艺程序步骤介绍不完整，语言表达差，扣6分 （2）茶艺程序步骤介绍基本完整，内容欠详，扣4分 （3）茶艺程序步骤介绍完整，语言欠柔和清晰，扣2分		
4	茶类识别准备技能	（1）选择茶叶正确、快捷 （2）茶叶装罐利索	10	（1）未能正确选到所需茶叶，尚能装罐，扣6分 （2）很犹豫地选到所用茶叶，尚能装罐，扣4分 （3）能正确快捷选到所需茶叶，较顺利装罐，扣2分		

续表

序号	考核内容	考核要点	配分	评分标准	扣分	得分
5	茶具配套准备技能	茶具配套齐全，准备利索	5	（1）茶具准备有错乱，准备不利索，扣3分 （2）主要茶具配套齐全，准备尚利索，扣2分 （3）茶具配套齐全，准备较利索，扣1分		
6	茶具摆设技能	摆设位置正确、美观	5	（1）摆设位置欠正确，欠美观，扣3分 （2）摆设位置基本正确，欠美观，扣2分 （3）摆设位置正确，尚美观，扣1分		
7	茶艺演示程序	顺畅完成演示过程	15	（1）未能连续完成，中断或出错三次以上，扣9分 （2）能基本顺利完成，中断或出错两次以下，扣6分 （3）能不中断地完成，出错一次，扣4分		
8	茶艺演示艺术	演示动作表现得当，体现艺术特色	15	（1）演示动作表现平淡，缺乏艺术感，扣9分 （2）演示动作表现基本适当，尚显艺术感，扣6分 （3）演示动作掌握适当，较显艺术感，扣3分		
9	茶艺演示手姿	演示手姿注意艺术感，姿态的美观	15	（1）手姿生硬，姿态平平，扣9分 （2）手姿尚有艺术姿态，扣6分 （3）手姿注意艺术，姿态尚美观，扣3分		
10	考核时间	50 min	5	在表中序号为2～6项考核时，每项超时1 min以上，扣1分		
	合计		100			

否定项：表中序号为1～7项的考核，每项在宣布开始后，超过2 min考生仍不能正常开展考试的，终止其该项考试，该项记为零分；考生所用时间不足该项规定时间的1/3的，该项记为零分。

时间规定：准备出场时间5 min；1～3项分别为4 min；4～6项分别为6 min；7～9项同时进行，为15 min。

评分人：　　　　　　年　月　日　　　　核分人：　　　　　　年　月　日